实景三维城市建设与
应用实践

主　编：张志华　朱　庆
指导单位：中国地理信息产业协会
组织单位：中国地理信息产业协会实景三维城市工作委员会

武汉大学出版社

图书在版编目(CIP)数据

实景三维城市建设与应用实践 / 张志华,朱庆主编. --武汉 : 武汉大学出版社, 2025.4.(2025.5 重印) -- ISBN 978-7-307-24965-3

Ⅰ. TU984

中国国家版本馆 CIP 数据核字第 2025HP8810 号

责任编辑:胡 艳　　　责任校对:汪欣怡　　　版式设计:马 佳

出版发行:**武汉大学出版社**　　（430072　武昌　珞珈山）

（电子邮箱:cbs22@whu.edu.cn 网址:www.wdp.com.cn）

印刷:湖北金海印务有限公司

开本:787×1092　1/16　印张:14.5　字数:318 千字

版次:2025 年 4 月第 1 版　　2025 年 5 月第 2 次印刷

ISBN 978-7-307-24965-3　　定价:99.00 元

版权所有,不得翻印;凡购买我社的图书,如有质量问题,请与当地图书销售部门联系调换。

《实景三维城市建设与应用实践》

编委会

主　　任：李维森
副 主 任：张志华　朱　庆
审定专家：陈　军　燕　琴
编　　委：王久辉　杨必胜　刘小丁　刘　坡　杨常红　陶迎春　陈良超
　　　　　彭明军　陈学业　文学东　敦力民　束　平　赵　杰　胡　炜
　　　　　江　明　俞志宏　季红专　冯学兵　郭　伟　贺枫斐　汪　科

编写组

主　　编：张志华　朱　庆
副 主 编：丁鹏辉　王海银　王　维　乔　新
审　　稿：孙为晨　赵亚波　赵云华　张九宴
编　　辑：梁福逊　翟　亮　胡　翰　丁华祥　马欠逊　刘铭崴　曹　斌
　　　　　曾艳艳　陈　光　曹文涛　田　沁　申佩佩　李　强　鲍秀武
　　　　　姜艳春　郭　王　武梦瑶　倪晓东　刘　珂　李　炼　张　青
　　　　　戴宏斌　赵　军　丁晓龙　周燕迪　李成仁　王金阳　赵宇飞
　　　　　刘洪春　黄小川　王晨阳　赖　超

编写单位（按拼音首字母排序）

北京超图软件股份有限公司

北京市测绘设计研究院

北京数云智源技术有限公司

常州市测绘院

重庆市测绘科学技术研究院

广东南方数码科技股份有限公司

广东省国土资源测绘院

海克斯康测绘与地理信息系统（青岛）有限公司

黄山市自然资源信息中心（黄山市卫星应用技术中心）

宁波市测绘和遥感技术研究院

青岛市勘察测绘研究院

上海华测导航技术股份有限公司

上海市测绘院

沈阳市勘察测绘研究院有限公司

深圳市规划和自然资源数据管理中心（深圳市空间地理信息中心）

武汉大学测绘遥感信息工程国家重点实验室

武汉市测绘研究院

西南交通大学

烟台市地理信息中心

榆林市自然资源和规划局

中国测绘科学研究院

自然资源部测绘发展研究中心

自然资源部第六地形测量队

序

当今世界，信息技术日新月异，数字经济蓬勃发展。加快建设数字中国、发展数字经济，是党中央作出的重大战略部署，是数字时代推进中国式现代化的重要引擎。党的十八大以来，习近平总书记深刻洞察数字时代发展大势和科技创新趋势，就建设数字中国提出了一系列新思想、新观点、新论述，作出了一系列战略部署，推动数字中国建设取得了重要进展和显著成效。党的二十大擘画了以中国式现代化全面推进中华民族伟大复兴的宏伟蓝图，就加快建设数字中国作出了一系列新部署。

当前，时空信息成为重要的新型基础设施。实景三维是真实、立体、时序化反映人类生产、生活和生态空间的时空信息，实景三维中国作为国家新型基础设施的重要组成部分，已上升为国家战略，并纳入数字中国建设整体布局、"十四五"新型基础设施建设等国家规划，为数字中国提供统一的空间定位框架和分析基础，是数字政府、数字经济重要的战略性数据资源和生产要素。面向新时期测绘地理信息事业服务经济社会发展和生态文明建设新定位、新需求，自然资源部坚持把构建美丽中国数字化治理体系、建设绿色智慧的数字生态文明作为测绘地理信息工作的重大实践要求和重大发展机遇，全面推进实景三维中国建设，加快推进测绘地理信息事业转型升级。

中国地理信息产业协会高度重视实景三维中国建设，充分发挥桥梁纽带作用，主动协调产学研各界资源，成立实景三维城市工作委员会等相关分支机构，开展实景三维相关培训与软件评测，推动实景三维中国建设。在自然资源部的领导下，截至 2024 年 8 月，实景三维中国建设了约 700 万平方千米不同精细度的地形级、城市级、部件级实景三维模型，完成了覆盖约 3/4 全国陆地及主要岛屿的实景三维数据建设，为经济社会发展和人民生活提供了空间地理数据要素保障。城市承载着大量社会生产、生活和治理活动，城市全域数字化转型加快发展，对实景三维为代表的时空信息赋能需求越来越迫切，如何科学、系统地总结和推广实景三维城市建设与应用的成功案例及实践经验，成为行业内外共同关注的焦点。

《实景三维城市建设与应用实践》正是在这样的背景下应运而生的，本书不仅是对过去几年我国实景三维城市建设成果的全面梳理，更是对未来发展方向的深入探索与前瞻。本书由中国地理信息产业协会指导编写，凝聚了来自全国各地同行的智慧与力量，在中国地理信息产业协会实景三维城市工作委员会的精心策划和组织下，经自然资源部"实景三维中国建设"专家组组长陈军院士、中国测绘科学研究院燕琴院长的指导和审定，以青岛市勘察测绘研究院张志华院长和西南交通大学朱庆教授为主编，联合了自然资源部测绘发展研究中心、武汉大学测绘遥感信息工程国家重点实验室、中国测绘科学研究院、广东省国土资源测绘院，上海、北京、重庆、武汉、深圳、宁波、沈阳、常州、烟台、黄山、榆林等城市勘测和自然资源管理部门，以及超图软件、海克斯康、华测导航、南方数码、数云智源等企业和自然资源部第六地形测量队，共 23 家单位 40 多位业内专家共同编写完成，终得此佳作。

本书最大亮点在于其丰富的实践案例与深刻的技术剖析。编者不仅深入挖掘全国各地在实景三维城市建设中的成功案例，还通过对这些案例的深入分析，提炼出宝贵的经验和做法。本书对技术路线、建设模式以及管理机制、应用成效等各方面都进行了详细而深入的探讨，为行业内外的读者提供了宝贵的参考和借鉴。

本书还充分展示了实景三维技术在城市规划、建设、管理中的广泛应用和巨大潜力。从城市设计到空间规划，从智能交通到智慧旅游，从防灾减灾到环境保护，实景三维技术以其独特的三维可视化、时序化、高精度等优势，为城市治理现代化提供了强有力的支撑。通过这些生动翔实的案例，读者可以直观地感受到实景三维技术带来的变革与便利，进而激发更多创新的灵感和思路。

本书在编写过程中始终坚持守正创新、问题导向的原则，力求做到理论与实践相结合、历史与未来相贯通。编者不仅注重总结过去的成功经验，更着眼于未来的发展趋势，提出了许多具有前瞻性和创新性的观点和建议。这些宝贵的思想火花，不仅为本书的编写增添了无限的活力，更为实景三维技术的持续发展和广泛应用提供了有力的支持。本书所有编写单位和专家的辛勤付出和无私奉献，不仅为行业内外贡献了一本高质量的专著，更为实景三维中国建设贡献了一份宝贵的力量。我相信，《实景三维城市建设与应用实践》一书的出版，必将为实景三维技术的进一步推广和应用注入新的动力，助推我国测绘地理信息产业高质量发展，为数字时代的智慧城市建设贡献出地理信息工作者的智慧。

中国地理信息产业协会会长

2024 年 11 月

前　言

实景三维中国已纳入《中共中央　国务院关于加快经济社会发展全面绿色转型的意见》《数字中国建设整体布局规划》《"十四五"全国城市新型基础设施建设规划》，以及各地"十四五"自然资源保护和利用规划。为了更好支撑经济社会发展，计划 2025 年初步建成实景三维中国，之后还将不断提升它的覆盖度、精细度、新鲜度、丰富度，用实景三维中国支撑数字中国建设、服务人民美好生活。城市是推进数字中国建设的综合载体。推进城市数字化转型、智慧化发展，是面向未来构筑城市竞争新优势的关键之举，也是推动城市治理体系和治理能力现代化的必然要求。实景三维城市建设历经试点先行探索、局部建设应用和全面部署推进三个阶段。目前全国各级城市普遍在面对实景三维如何"高效用"和"持续建"的问题时感到较为困惑，为此，中国地理信息产业协会实景三维城市工作委员会（简称"工委会"）在 2024 年度的工作计划中提出本书的编写任务，旨在发挥工委会会员城市单位多、覆盖面广、专业性强的优势，充分整合全国实景三维城市建设的典型案例，深入分析实景三维数据与各项业务应用结合的实践经验，为全国实景三维城市的建设与高质量发展提供指导和借鉴。

本书坚持需求导向与问题导向相结合，以典型的实景三维城市建设与应用案例为中心，梳理了实景三维城市建设的主要技术环节。全书分为 4 章：第 1 章"概述"，简要介绍了实景三维城市的概念内涵和建设发展；第 2 章"实景三维城市建设情况"，系统介绍了相关政策要求和标准规范、技术体系构建，以及目前的数据资源建设情况；第 3 章"典型应用案例"，从建设背景、建设内容、典型应用、特色创新、经济社会效益等方面，归纳分析了北京、上海、武汉、青岛等 16 个典型城市/区域的实景三维建设和应用情况；第 4 章"总结与展望"，简明扼要地总结了实景三维城市建设与应用的主要经验、存在的主要问题，并对相关体制机制建设、标准规范制定、技术研发、产品平台、应用模式等进行了展望。

本书集中反映了我国实景三维城市在政策标准制定、基础理论研究、技术产品研发与场景应用实践等方面的主要成果和经验，可供实景三维中国建设相关行业的管理人员、工程技术人员、专业研究人员，以及各类高校师生参考阅读。本书的完成得到了许多人直接或间接的无私帮助。中国地理信息产业协会会长李维森教授在繁忙的工作之余亲自审阅全书并欣然作序，为本书增色许多，令编者深受鼓舞；实景三维中国建设专家组组长陈军院士、中国测绘科学研究院院长燕琴研究员在百忙中审阅了书稿、提出了宝贵的建议。

在此，向所有为本书的出版付出无私帮助的人们表示衷心的感谢。

主　编

2024 年 11 月

目 录 CONTENTS

第 1 章 概述 ·········· 001
1.1 实景三维城市的概念内涵 ·········· 001
1.2 实景三维城市建设发展 ·········· 003
1.3 小结 ·········· 007

第 2 章 实景三维城市建设情况 ·········· 008
2.1 实景三维城市政策与标准制定 ·········· 008
2.2 技术体系构建 ·········· 011
2.3 数据资源建设 ·········· 019
2.4 小结 ·········· 026

第 3 章 典型应用案例 ·········· 028
3.1 总述 ·········· 028
3.2 实景三维北京：服务首都，助力数字经济标杆城市 ·········· 030
3.3 实景三维上海：从实景三维到数字孪生 ·········· 038
3.4 实景三维武汉：先行先试，以用促建 ·········· 046
3.5 实景三维青岛：山海相依，城岛湾融 ·········· 059
3.6 实景三维宁波：云上甬城，整体智治 ·········· 070
3.7 实景三维德清：一图感知，全域数治 ·········· 079
3.8 实景三维常州：一网统管，赋能城市治理 ·········· 089
3.9 实景三维烟台：仙境海岸，鲜美烟台 ·········· 098
3.10 实景三维黄山：好山好水好黄山，古风古韵古徽州 ·········· 107
3.11 实景三维沈阳：时空赋能，数智治理 ·········· 115

3.12 实景三维榆林：数据联动，智慧治城典范 ………………… 125
3.13 实景三维重庆：山地城市特色，数字重庆引领 ……………… 134
3.14 实景三维内江：数智未来，赋能成渝双城经济圈 …………… 142
3.15 实景三维深圳：城市操作系统，赋能超大城市建设 ………… 148
3.16 实景三维横琴：融合数字孪生，共谱琴澳智慧城市新篇章 … 154
3.17 实景三维长三角一体化示范区：跨域赋能，一体化发展 …… 165

第4章 总结与展望 …………………………………………………… 173

4.1 总结 ……………………………………………………………… 173
4.2 展望 ……………………………………………………………… 176

缩略语 ………………………………………………………………… 178

附 录 ………………………………………………………………… 179

附录1 实景三维建设政策文件与标准规范 ……………………… 179
附录2 中国地理信息产业协会实景三维相关软件测评结果 …… 189
附录3 部分城市/区域实景三维数据成果 ………………………… 199
附录4 部分实景三维软件产品介绍 ……………………………… 203

参考文献 ……………………………………………………………… 219

第1章 概述

1.1 实景三维城市的概念内涵

当前，全球正经历新一轮数字化、信息化深刻变革，大数据、人工智能、云网边端、数字孪生等新技术爆发式发展，以技术创新驱动的数字化转型，已成为社会发展的核心推动力。加快数字化发展、建设数字中国，是我国顺应发展形势新变化、构筑国家竞争新优势、全面建设社会主义现代化国家的必然要求。为全面推进数字经济、数字社会、数字政府等建设，自然资源部从新时期测绘工作"两服务、两支撑"根本定位出发，提出建设实景三维中国，研制能客观真实地反映人类生产、生活和生态空间的实景三维信息产品，构建能与现实三维空间实时互联互通的数字三维空间，为数字中国提供新一代三维时空信息框架、高质量时空信息产品与高水平时空信息服务。

2021年8月自然资源部国土测绘司印发的《实景三维中国建设技术大纲（2021版）》指出，实景三维是对人类生产、生活和生态空间进行真实、立体、时序化反映和表达的数字虚拟空间，是新型基础测绘标准化产品，是国家新型基础设施建设的重要组成部分，为经济社会发展和各部门信息化提供统一的时空基底。

2024年11月，经中国测绘学会测绘学名词审定委员会推荐、中国测绘科学研究院释义的"实景三维"词条，已由全国科学技术名词审定委员会作为2024年学科热词正式发布：实景三维（3D real scene，ReS3D）是真实、立体、时序化反映和表达生产、生活和生态空间的时空信息。实景三维作为新型基础测绘的标准化产品，为经济社会发展和各部门信息化提供统一的时空基底，支撑实现在数字空间和物理空间里的生活规划、生产调度和政府决策。

实景三维中国建设坚持"数据为王、创新为要、应用为本、安全为基"，历经试点先行探索、局部建设应用、全面部署推进三个阶段。其中，上海、武汉等十余个城市在开展实景三维建设试点过程中，积极探索了实景三维产品体系、技术体系、生产组织体系、政策标准体系等方面的建设内容。在后续全国各城市的实景三维建设过程中，基于时空基准、时空关联、时空分析、时空智能、时空安全5个核心功能，形成了涵盖灾害防治、智慧安防与调度、历史文化保护、国土空间规划、耕地保护、节约集约用地、生态保护、在线旅游等22大类、100余种应用场景。《中国地理信息产业发展报告（2024）》统计表明，全国31个省区市已将实景三维建设纳入基础测绘规划、自然资源保护和利用规划或测绘地理信息发展规划，21个省区市及新疆生产建设兵团编制了实景三维建设实施方案。

与此同时，中国测绘学会、中国地理信息产业协会等学术、行业组织也积极开展了实景三维国际合作与交流活动。例如，中国测绘科学研究院、青岛市勘察测绘研究院、墨尔本大学联合开展了"实景三维创新技术中澳国际合作项目"，三方合作研发了实景三维技术解决方案 ReS3D V1.0，并在首届联合国全球地理信息知识与创新周上发布了以青岛应用实践范例为样板编制的《实景三维赋能青岛高质量发展白皮书》，打造全球地理信息知识与创新合作示范；青岛市勘察测绘研究院、同济大学联合德国波鸿鲁尔大学、布伦瑞克工业大学等国际知名高校，利用实景三维开展生态制图、生态服务指标计算与评估等研究，并将成果应用于生态系统评估、修复和可持续发展等。围绕实景三维的国际合作与交流，进一步推动各国地理信息水平提升，构建全球地理信息创新生态。

城市是推进数字中国建设的综合载体，我国城市类型涵盖直辖市、副省级城市、地级市、县级市等，各类城市地域范围、经济基础、发展需求各不相同。实景三维城市是对特定城市区域空间内实景三维建设成果的深度综合，通过整合地形级、城市级、部件级产品与地理实体数据，构建面向城市空间多领域交叉应用的数字化底座，服务于城市自然资源管理、各行业部门典型应用。从建设尺度上，实景三维城市聚焦具体城市的细节和功能，是实景三维中国的重要建设单元与有机组成部分。从内涵层次上，实景三维城市耦合了数据建库与服务应用的区域性体系化成果实例，将对地观测、地理信息、空间定位等时空信息技术与大数据、云计算、人工智能等前沿技术深度融合，极大地提升了人们感知、认识和管理城市生产、生活与生态空间的能力。实景三维城市的特征集中体现在以下 7 个方面：

(1) 从"抽象"到"真实"。相较于制图符号、注记等传统地理信息产品的表达方式，实景三维城市是对现实城市三维空间的真实描述，通过"天空地"一体化感知等技术手段，获取地理空间实体的表观纹理、物理材质等，确保实景三维信息产品与现实城市三维空间保持一致，形成高度逼真的场景，实现从抽象描述到对现实世界的真实直观刻画。

(2) 从"平面"到"立体"。传统地理信息产品中采用点、线、面二维要素为核心进行二维平面抽象表达，在多层建筑、地上地下空间一体等复杂空间描述与分析中存在较多限制，而实景三维城市则以"体"要素为核心，对城市空间展开三维表达，在三维空间中描述和反映地理空间实体的立体形态，以及各类实体的地上下、室内外等三维结构及时空关系。

(3) 从"静态"到"时序"。传统地理信息产品受限于采集与制作技术，现势性不强，而实景三维城市则充分反映物联网、互联网时代下数据获取与分析的高时效特点，时序化描述不仅可反映现实世界某一时点的当前状态，还可反映多个连续时点的状态，动态展示城市发展与变化过程，能够更好地满足各行业对时序分析及实时状态信息的需求。

(4) 从"按要素、分尺度"到"按实体、分精度"。传统地理信息产品按要素分图层、按比例尺分精度和分辨率对地物进行描述，而实景三维城市则以实体为粒度描述地物对象，按照客观存在性、可相互区分性等要求，将现实城市三维空间的要素、事物或现象划分成具有不同类型和粒度的地理空间实体，并赋予唯一的标识，对其空间分布、属性、相互关系、生命周期等进行数字化描述与表达，切实提高描述的准确性与应用的灵活性。

（5）从"人理解"到"人机兼容理解"。传统地理信息产品依赖人工判读，而实景三维城市则同时面向人与机器，通过将结构化的空间信息与非结构化的属性信息相结合，兼顾人工判读与机器解译、识别，发挥机器的智能和自动化潜力，为大数据时代下的地理信息产品应用奠定坚实基础。

（6）从"陆地表面"到"全空间"。传统地理信息产品侧重对陆地表层空间的描述，而实景三维城市则以独立地物和地理单元为对象，将描述的空间范围由陆地向海洋、由地上向地下、由水上向水下、由室外向室内延伸，实现"地上下、水上下、室内外"全空间的一体化描述，更适用于对城市区域内广阔且连续空间中各类对象的完整表达。

（7）从"分散"到"整体"。实景三维城市以城市空间为载体，将不同尺度下分散、孤立的地理实体通过语义信息有机联系起来，形成内部互动互通、动态更新的数字化城市底座，支撑跨部门、跨领域协作。

1.2 实景三维城市建设发展

近年来，实景三维技术不断演变发展，实景三维城市的内涵和建设内容逐渐得到明确，针对包括空间数据体、物联感知数据和数据库系统等主要建设任务，已经积累了丰富的建设成果与经验，如图 1-1 所示。

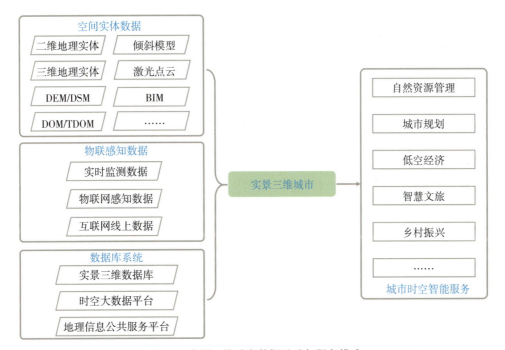

图 1-1　实景三维城市数据基础与服务模式

1.2.1 地形级实景三维

地形产品是基础测绘的核心产品之一，主要通过 DEM、DSM、DOM、TDOM 等二维地理实体准确展现山川河流等地形地貌，以及城市、村镇的分布与形态。实景三维城市建设中，地形级实景三维建设的内容主要包括构建地形级地理场景、基础地理实体，获取其他实体、物联感知数据，以及相关数据产品的集成。相关建设成果主要用于三维可视化与空间量算，服务于宏观规划。

自 20 世纪 60 年代以来，我国逐步开展针对地形产品的建模、显示、简化、仿真等研究，并服务于地理信息系统、国土管理、战场仿真、娱乐游戏等领域。20 世纪 80 年代，原国家测绘局加紧建设国家基础地理信息系统，开启 3S 技术综合应用先河，于 1989 年完成了全国 1∶25 万地形图编制工作。20 世纪 90 年代起，在全国范围内开展相关数据库建设工作，1∶25 万数据库建库工程于 1993 年启动，1996 年 4 月开始全面建库，于 1998 年 11 月通过国家验收和专家鉴定，成为我国国家空间数据基础设施的重要组成部分。2011 年，原国家测绘地理信息局完成了国家 1∶5 万基础地理信息数据库更新工程，实现了 1∶5 万基础地理信息数据对陆地国土的全覆盖。2022 年，我国全面建成新一代 DEM，分辨率由 25 米提升至 10 米，现势性由 2010 年提升至 2019 年，全部成果已接入国土空间基础信息平台，作为自然资源三维立体"一张图"时空基底的重要组成。近几年，基于卫星立体测绘的地形产品生产技术日趋成熟，"高分七号"等高分辨率光学卫星不受地域、国界的限制，能够快速获取地球任意区域的高分辨率影像，推动了部分重点区域 1∶1 万立体测图产品的有效覆盖。此外，在多云雨、多山地等特殊地区，倾斜摄影测量、机载激光扫描、合成孔径雷达等技术的合理运用形成了对卫星数据的有效补充，为小范围地形产品的生产提供了重要支撑。

总体上，地形级实景三维技术研究已有丰富的成果，未来将在数据获取上进一步兼顾生产成本和模型空间精度，更节约和高效地满足精度需求，同时探索二三维地理实体综合实践方案。

1.2.2 城市级实景三维

实景三维城市建设中，城市级实景三维建设的内容主要包括构建城市级地理场景、基础地理实体，获取其他实体、物联感知数据，以及相关数据产品的集成。随着社会城镇化进程的加速及信息技术的不断发展，城市管理日趋精细化。相较于地形级三维重建，城市级实景三维建设面向城市的精细化管理与统筹规划，更加注重对建筑物、居民地、公共场所及其附属设施的精细化表达，精度要求更高、展示内容更丰富、整体工作量更大。

传统数字摄影测量人工单体化方法存在着效率低、成本高、精度差等诸多限制与缺陷，难以适配大规模的建模需求。近年来，摄影测量与计算机视觉技术的发展不断取得重要突破，具有范围大、效率高、质量好等优势的倾斜摄影测量与机载 LiDAR 建模方法的运用逐渐成为城市三维建模的主流趋势。同时，车载激光扫描系统被广泛用于获取道路场景数据，支撑道路标志、交通设施、沿路植被三维重建；同步定位与地图构建（SLAM）技术广泛用于获取室内和地下空间数据。建筑单体化三维重建充分结合现有的城市地图信息与倾斜摄影、机载 LiDAR 数据进行语义建模，叠加统合语义信息并修整模型棱角与贴图细节，准确地恢复建筑物的拓扑结构并进行语义分割。对于室内部分，结合建筑物内部结构图与 BIM 等，对 SLAM 采集的点云与建模数据进行修整与单体语义划分，再将整体附着在外部建筑上，从而完成由外到内一体化建模。在模型精细度方面，城市地理标记语言（CityGML）规定了建筑模型的细节层次（LOD），不同表现细节的模型具有不同的几何面数和纹理分辨率。

城市级实景三维重建是当前的工作重点与难点，城市场景涉及地物尺度跨度大、种类多，需结合人工智能方法发展多源数据采集、多模态数据融合、地物单体分割、语义自动提取等技术来建立一套由粗到精的城市级实景三维建设方法体系。

1.2.3 部件级实景三维

部件级实景三维是对城市级实景三维的分解和细化表达，面向三维场景内更精细和关键部位的分布与现状，构建建筑室内部件、排水排污特殊设施、地上地下空间部件等精细三维模型，相关建设成果主要用于精准表达和按需定制，提供更直观、更人性化、更贴近现实世界的三维模型与服务。

根据按需定制的特点，部件级实景三维的重建对象从建筑设施的空间要素逐步细化到建筑构件，乃至构件中的主要零件，模型获取手段主要包括已有模型转换和直接三维建模。采用模型转换手段时，BIM 实现了建筑技术与核心业务的信息化，包含建筑物三维数字化表面信息、详细的内部空间几何信息与功能语义信息，以及部件之间的拓扑关系等信息，故广泛应用于建筑物生命周期内的设计、采购、制造和管理活动。高精度的 BIM 数据与 GIS 的集成与融合，对建筑的精细化治理起到重要作用，推动了三维 GIS 从宏观走向微观，从室外走向室内。采用直接建模手段时，对于重复简单模型，可采用人工建模软件（如 3ds Max、SketchUp 等）直接进行单体建模，并根据其实际地理空间位置与姿态添加到整体模型中，而对于室内外结构复杂的空间场景，则可采用贴近摄影测量、LiDAR 以及 SLAM 等技术手段进行精细化模型构建。此外，通过参数化建模、基于形状先验方法和点云深度学习等建模方法，可以获取更高精度的几何与语义信息，以满足建造安装识别、高精度渲染展示、产品管理、制造加工等高精度识别需求的结合精度，为构建更高精细度的数字孪生城市提供支撑。

部件级实景三维重建以需求为导向，其关键技术如多平台多机协同测图、多细节层次室内重建、复杂模型轻量化、室内外一体化等仍在不断发展中，需坚持通过需求牵引、多元投入、市场化运作方式开展。

1.2.4 物联感知信息融合

实景三维城市建设相关的物联感知信息包括城市实时监测数据、物联网感知数据、互联网在线抓取数据等，具体而言，包括自动化监测设备获取的实时视频、图形图像，车载导航、移动基站、手机信令等数据，以及能够通过互联网在线获取的地理位置、文本表格等。

物联感知信息是真实化、时序化反映生产生活和生态空间的重要基础。通过接入物联网感知信息，一方面有助于实现动态更新和监测，获取地理空间实体随时间的变化情况；另一方面让地理场景数据和地理实体数据以及地理场景和地理实体数据之间的融合更为顺畅。此外，在实景三维数据融合平台的帮助下，传感器数据、互联网数据等众源数据可以转化成更真实立体的可视化效果，更好地服务分析决策。而物联感知信息与基础地理实体数据的融合，主要通过将物联感知信息进行数据抽取、清洗、压缩与信息解译，实现物联感知信息的实时接入及空间化，在此基础上，采用空间身份编码等方式实现其与基础地理实体数据的语义信息相关联。

物联感知信息融合能力建设是实景三维中国建设的重要内容之一，但还需进一步明确实景三维城市建设需要接入的物联感知信息的种类和范围，以确保多源数据融合的可靠性。

1.2.5 在线系统与支撑环境

实景三维城市的在线系统与支撑环境主要包括获取、处理、融合空间数据体和物联感知数据等各类数据的环境，数据集成建库和数据库管理的各类应用服务系统，以及支撑上述系统运行的相关网络基础设施和软硬件装备等。

我国各级城市在开展实景三维城市系统与环境建设过程中，根据自身的规模、资源、政策需求和侧重方向，采取了不同的发展模式。

北京、上海、重庆等直辖市，由于区域政策支持全面、建设资源十分丰富、建设规模较大，在实景三维建设的市域全覆盖基础上，聚焦超大城市建设中的统一时空底座的构建，并将创新理念持续注入关键工作环节。如北京市建设智慧城市"一图一码"共性基础设施，为城市提供统一的定位基准、时空底座和编码服务，并搭建中轴线文化遗产监测与保护平台，成功助力申遗；上海市建设组件化实景三维平台，将空间服务标准化，以支持上层应用，并引入大模型 AIGC 技术，快速生成真实感实景三维场景，大幅提升生产效率；重庆市面向低空经济发展的时空需求，基于实景三维重庆建设成果打造"低空实景三维图"统一时空服务底座。

武汉、青岛、宁波、沈阳、深圳等副省级市，在统筹建设统一数据平台的同时，充分探索典型应用的带动作用，在重大活动保障、交通运输、文化旅游等领域深化实景三维技术的应用。例如，武汉市以实景三维为数字底座搭建的"军运会开闭幕式三维仿真系统"，实现了人、地、事、物全方位实时监控和现场风险识别预警；青岛市以实景三维和地理实体等新型时空数据要素为基础，构建了地上地下、室内室外一体的港口信息模型平台，将智能感知、云计算、大数据等技术与港口业务融合，提高了生产效率和管理水平；沈阳市以文物历史建筑的实景三维数据为载体，建立了包括沈阳故宫在内的沈阳市文物历史建筑资源数据库，实现了对优秀历史文化资源的"一屏统览"和"一库统管"。

常州、烟台、黄山、榆林、内江等地级市，结合自身的自然地理、历史文化等特点，深入挖掘城市需求，在实景三维城市建设过程中充分体现地方特色。例如，常州市基于实景三维数据构建"一张图、一中心、一平台"，建立义务教育招生预警模型，满足了常州市教育资源学位分析、学位预警、可视化对三维时空信息的智能化需求，为教育资源管理提供了及时有效的支撑服务；黄山市建设地质灾害智能监测预警平台，集成全市高分辨率 DOM、地形级实景三维数据和重要地灾点的倾斜摄影模型，为应急指挥中心提供了二三维一体的"指挥救灾一张图"，在防汛救灾中发挥了重大作用，有效避免了因灾伤亡。

以德清县为代表的县级城市，在实景三维城市建设中更加重视城乡一体的数字化建设。通过建设"数字乡村一张图"，实现了对德清县全域 930 平方千米、共 169 个乡村/社区的基础数据实景化统一管理，有效探索出一条以实景三维为基础、数字赋能撬动乡村全面振兴的发展新路子。

1.3 小结

实景三维中国是《数字中国建设整体布局规划》中提出的数字基础设施和数据资源体系"两大基础"的核心组成，是构建美丽中国数字化治理体系、建设绿色智慧的数字生态文明的基础支撑。实景三维城市作为推进城市数字化、智能化、绿色化转型发展的重要新型基础设施，是凭借在线系统与支撑环境建设，实现地形级、城市级、部件级实景三维数据同物联感知信息的充分汇聚融合的成果，是实景三维中国建设的基础单元。其功能效用主要通过实景三维相关数据、技术在数字政府、数字经济、数字文化、数字社会、数字生态文明等领域的高效赋能应用加以体现。

目前，在国家统一部署和省市实际需求牵引下，各地实景三维城市建设已经初具雏形，但面对如何更好地继续推进实景三维城市建设等问题，各地普遍较为困惑。本书的编写目的就是力图破解实景三维如何"高效用"和"持续建"的问题。本章从实景三维中国建设的背景出发，引出实景三维城市建设的概念和内涵，列举实景三维城市建设发展的主要内容，开宗明义地提出实景三维城市建设的必要性和重要性。后继章节将继续汇总实景三维城市建设中国家和省市一级的政策要求、实景三维城市建设的总体进展，分析建设过程中的关键技术环节，让读者能够从整体上把握实景三维城市建设的脉络与态势。在此基础上，再通过全国范围内的实景三维城市典型应用案例，对实景三维城市建设和应用进行具象化描述，让实景三维城市建设的管理者、实施者、参与者、应用者能够真正深入每个城市案例，了解每个城市如何实现地方需求和实景三维建设的有机融合，并从中吸取经验和营养，从而推动全国范围内实景三维城市的建设和使用。

第 2 章 实景三维城市建设情况

2.1 实景三维城市政策与标准制定

2.1.1 政策要求和建设需求

党的二十大报告指出"高质量发展是全面建设社会主义现代化国家的首要任务"，明确要求加快建设数字中国，加快发展数字经济，促进数字经济和实体经济深度融合。2023 年以来，中共中央、国务院印发的《数字中国建设整体布局规划》《关于加快经济社会发展全面绿色转型的意见》等文件明确提出，推进实景三维中国建设、深化时空信息赋能应用。用时空数据说话、在三维空间研判、凭时空知识决策、依靠实景三维时空信息赋能经济社会高质量发展和全社会数字化转型，已经成为国家重大需求和战略选择。2024 年以来，国家相关部委对实景三维中国建设和应用提出了明确要求，作出了相关部署。2024 年 5 月，《国家发展改革委 国家数据局 财政部 自然资源部关于深化智慧城市发展 推进城市全域数字化转型的指导意见》提出，建立城市数字化共性基础，"鼓励有条件的地方推进城市信息模型、时空大数据、国土空间基础信息、实景三维中国等基础平台功能整合、协同发展、应用赋能，为城市数字化转型提供统一的时空框架，因地制宜有序探索推进数字孪生城市建设，推动虚实共生、仿真推演、迭代优化的数字孪生场景落地"。2024 年 9 月，工业和信息化部、中央网信办、自然资源部、住房和城乡建设部等十一部委联合印发《关于推动新型信息基础设施协调发展有关事项的通知》提出，"全面建设实景三维中国，搭建数字中国时空基座和数据融合平台，完善国土空间基础信息、时空大数据、城市信息模型等基础平台，推进平台功能整合，为城市数字化转型提供统一的时空框架"。

实景三维中国建设作为国家新型基础设施建设的重要组成部分，是贯彻落实习近平总书记关于建设数字中国、智慧社会相关指示批示精神的具体举措，将为经济社会发展和政府管理信息化、智能化转型提供统一的时空基底。实景三维城市作为实景三维中国的组成单元，是城市新型基础设施建设的重要组成部分。推进实景三维城市建设，将全面重构城市基础地理信息的数据资源体系、技术标准体系、生产组织体系以及政策标准，建成新一代的城市基础地理信息系统，为城市提供统一的数字时空底座，促进城市数字经济创新发展，培育经济新业态，打造经济新赛道。

为更好地推动全国实景三维城市建设和成果应用推广，本书对自然资源部和部分城市出台的相关政策文件进行了汇总和列举（详见附录 1），以便于读者更好地查阅和了解实景三维城市相关建设要求。

2.1.2 标准规范和技术文件

自然资源部先后颁布了《新型基础测绘体系数据库部分试点建设技术指南》《新型基础测绘体系建设试点技术大纲》《实景三维中国建设技术大纲（2021版）》等技术文件，对实景三维中国标准体系框架进行了整体设计。共规划了31项计划标准，其中，总体设计类11项、采集处理类9项、建库管理类6项、平台服务类4项、质量控制类1项，截至2024年9月，已经正式印发12项（具体见表2-1）。值得一提的是，在建立健全标准体系的过程中，相关标准制定者不断结合实际生产和应用服务需要，坚持守正创新，不断实现自我突破，使部分标准内容得到更新和完善。例如，《新型基础测绘与实景三维中国建设技术文件-8 基础地理实体分类与代码（试行）》（2023年9月印发）实现了对《新型基础测绘与实景三维中国建设技术文件-2 基础地理实体分类、粒度及精度基本要求》（2021年12月印发）中基础地理实体分类与代码内容的更新替代，《新型基础测绘与实景三维中国建设技术文件-9 基于1∶500 1∶1000 1∶2000基础地理信息要素数据转换生产基础地理实体数据技术规程（试行）》（2023年9月印发）同样对《新型基础测绘与实景三维中国建设技术文件-5 基于1∶500 1∶1000 1∶2000基础地理信息要素数据转换生产基础地理实体数据技术规程》（2021年12月印发）进行了替代，等等。

表2-1 新型基础测绘和实景三维中国建设标准体系中的标准清单

所属类别	标 准 名 称	印发时间
总体设计	名词解释	2021年12月
总体设计	基础地理实体分类、精度和粒度基本要求	2021年12月
总体设计	基础地理实体空间身份编码规则	2021年12月
总体设计	基础地理实体数据元数据	2021年12月
总体设计	基础地理实体分类与代码（试行）	2023年9月
总体设计	地理场景数据成果	未印发
总体设计	地理场景数据元数据	未印发
总体设计	基础地理实体数据成果规范	未印发
总体设计	实景三维数据成果汇交与归档基本要求	未印发
总体设计	基础地理实体空间身份编码应用服务技术规范	未印发
总体设计	实景三维时序化建设基本要求	未印发
总体设计	基础地理实体众包生产组织模式	未印发
采集处理	基础地理实体数据采集生产技术规程	2022年4月
采集处理	基础地理实体语义化基本规定	2022年4月

续表

所属类别	标 准 名 称	印发时间
采集处理	基于1∶500 1∶1000 1∶2000基础地理信息要素数据转换生产基础地理实体数据技术规程(试行)	2023年9月
采集处理	基于1∶5000 1∶10000基础地理信息要素数据转换生产基础地理实体数据技术规程(试行)	2023年9月
采集处理	基于1∶50000基础地理信息要素数据转换生产基础地理实体数据技术规程(试行)	2023年9月
采集处理	实景三维中国建设城市三维模型(LOD1.3级)快速构建技术规定(试行)	2023年9月
采集处理	地理场景获取与融合技术规程	未印发
采集处理	基础地理实体解译样本库建设技术规范	未印发
采集处理	面向实景三维的物联感知数据接入与融合技术规范	未印发
采集处理	管线实体数据生产、建模及融合技术规范	未印发
建库管理	实景三维数据库建库技术规范	未印发
建库管理	基础地理实体及地理场景适配技术规范	未印发
建库管理	基础地理实体无级制图技术规范	未印发
建库管理	实景三维时空分析技术规范	未印发
建库管理	基础地理实体数据交换格式	未印发
建库管理	实景三维数据尺度关联与联动维护技术规范	未印发
平台服务	实景三维数据接口及服务发布技术规范	未印发
平台服务	实景三维数据轻量化处理技术规范	未印发
平台服务	实景三维安全服务处理技术规范	未印发
平台服务	实景三维分级共享技术规范	未印发
质量控制	基础地理实体成果质量检查与验收	未印发

注：表中文件因存在替代关系，故总数量超过了31项。

自明确实景三维中国建设成为新型基础测绘体系建设的三大主要内容之一，自然资源部以及其他相关部委陆续组织编制了一系列与实景三维相关的国家标准和行业标准。部分省(自治区、直辖市)结合地域特点和自身特色，在中国测绘科学研究院制定的标准体系框架下，开展了地方标准和团体标准建设。其中，北京、上海、重庆、武汉、深圳和青岛等城市围绕实景三维城市建设需要，基于"急用先行"的原则，及时总结先行先试经验，编制了一些地方标准和团体标准，具有代表性。本书对截至2024年9月的与实景三维中国建设相关的主要国家标准、行业标准、地方标准及团体标准进行了整理(详见附录1)。

2.2 技术体系构建

各个城市实景三维建设方案虽然各有不同，但是其技术路线大致都包含数据获取、数据产品制作、数据库管理系统建设、应用与服务等关键环节。对获取的多源数据，根据分工进行实景三维数据制作。按照统一的标准原则，搭建城市全域统一管理的数据库管理系统，进而接入省级乃至全国实景三维数据库，实现国家统一管理下的省市实景三维数据库之间互联互通，并在这些实景三维数据库成果基础上，依托职能机构，开展进一步的落地应用。详细技术路线如图 2-1 所示。

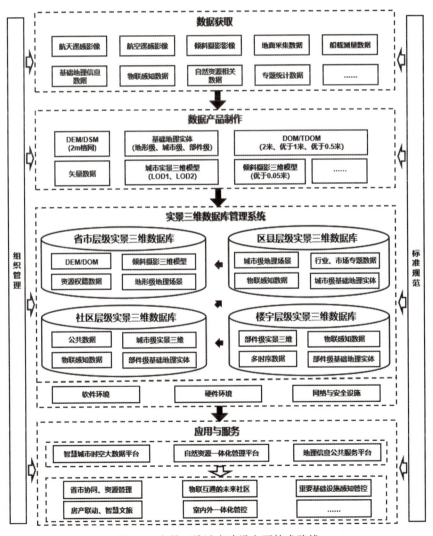

图 2-1 实景三维城市建设主要技术路线

在数据获取技术与装备方面，影像数据、LiDAR 数据、SAR/InSAR 数据在实景三维建设中得到广泛使用，星载、机载、无人机、便携式等多种载荷平台快速发展，无人机数据采集技术，如贴近摄影测量、优视摄影测量等日趋成熟，有效支撑了地表区域全覆盖和地理信息精细提取。此外，进一步研究面向非暴露空间的高质量数据采集技术与装备，发展复杂场景下的精密定位技术、协同感知技术，可为建立室内外、地上下、水上下等一体化的实景三维提供重要支撑。

在数据产品制作方面，实景三维需要进行实体化、语义化和时序化处理。对来自不同平台、不同载荷的数据进行多源数据配准，通过语义分割抽取场景中的地表形态和地理对象，结合场景和对象的结构特征，建立精细化、结构化的三维模型，形成地形级、城市级、部件级实景三维产品。在处理方法上，深度学习相关技术发展迅速，隐式场三维表达、3D 高斯泼溅等技术表现出巨大潜力，基于大模型的跨模态特征融合成为新的发展方向。同时，单体化、语义化、轻量化三维模型的需求显著增加，对进一步提升部件级建模的自动化程度和模型精度提出新的要求。基于点、体素、网格等不同基元的变化检测技术为时序化处理提供基础，结合视频数据及点云流数据等二三维动态数据，可以提升实景三维的动态更新能力，增加场景的真实程度与可交互程度，更好地支持时空行为的动态计算与全生命周期决策。

在数据管理方面，多模态数据存储与检索、数据标准化编码、多层次细节等技术为规模庞大、结构复杂的实景三维数据提供了高效管理途径。未来将继续发展面向多模异构空间数据的混合索引技术，针对多模态空间数据在异构关系型数据库和分布式数据库中的存储和管理，研究多粒度"空地一体化"场景的编码体系及索引结构，突破空间数据的存储和访问性能瓶颈，构建高性能、多模态空间数据库。

在数据分析与可视化分析方面，为满足不同应用场景、不同硬件条件、不同尺度的实景三维应用，将管理大规模地理信息数据的 GIS 类引擎与侧重视觉表现的三维虚拟引擎技术相结合，支撑实景三维的高效分析与线上浏览。当前，可视化技术正处于高速发展阶段，实景三维可视化应从数据底层结合 WebGPU 等先进高效的网络可视化技术，开发空间数据高性能分布式分析计算与先进可视化技术，提升大规模空间分析计算和可视化性能，支撑城市级实景三维应用，并支持虚实结合、动态交互，更好地发挥实景三维的数据价值。

在数据共享与安全方面，利用数据文件透明加解密、数字水印等技术，通过统一数据格式、规范数据接口、制定共享机制，保护数据安全的同时，已能初步实现跨领域、跨平台的高效共享。未来还需进一步研究发展时空信息安全特征的智能识别与评估、安全处理与保密传输、安全防控与溯源预警等技术，建立覆盖全网全周期的保障技术体系，支撑时空信息安全治理与可信应用。

在平台产品方面，超图、青岛市勘察测绘研究院、海克斯康、南方数码、华测导航、中海达、智觉空间等推出了一批优秀的实景三维平台产品，实现了二三维地理实体数据，以及地理场景数据和物联感知数据的集成，为自然资源调查、国土空间规划、智慧城市建设等应用提供基础数据和服务，有力推进了实景三维建设工作。

为积极推进地理信息产业高质量发展，助力数字中国建设，为相关行业或重大工程提供成熟、合格的实景三维软件产品，根据市场、用户和相关部门的需求，按照自然资源部关于全面推进实景三维中国建设相关文件精神，中国地理信息产业协会分别于2023年、2024年开展了实景三维相关软件测评工作，测评结果详见附录2。

总之，实景三维城市相关建设技术面向城市复杂环境的自动化数据采集、智能化精细建模、地理信息大数据管理与分析、时空大数据智能服务，为城市发展提供了综合感知、精准表达、可靠决策的通用地理空间智能底座。

2.2.1 数据获取技术与装备

实景三维数据生产所需多源数据主要包括倾斜影像数据、LiDAR 数据、SAR/InSAR 数据、航空航天影像数据等。随着近年来我国航天遥感平台与载荷的快速发展，我国已经基本具备了高空间分辨率、高时间分辨率卫星影像数据、SAR/InSAR 数据的自给能力。倾斜影像数据可通过国产化飞行平台搭载大型倾斜数字航摄系统的方式获取，还可通过多样化轻便灵活的无人机平台以较低的成本满足碎片化、精细化的新型测绘任务。LiDAR 数据的获取方式可以分为星载、机载和地基三种。星载 LiDAR 也称为激光测高数据，通过光子计数技术，可获取覆盖地表所有区域的厘米级精度的三维点云数据；机载 LiDAR 依靠有人机和无人机进行大规模的点云数据采集；地基 LiDAR 则可通过激光扫描仪、车载移动测量系统、手持或背包式激光扫描等方式获取数据。此外，也有利用无人机集成多模态传感器装备的机载耦合数据采集方式，同时获取倾斜影像数据和点云数据。实景三维城市建设中常用数据获取技术及其主要特点见表 2-2。

表 2-2 实景三维城市建设中常用数据获取技术

获取技术	InSAR	LiDAR	光学影像
获取方式	主动	主动	被动
穿透性	穿透能力有限	可穿透植被、多回波	几乎无法穿透
辐射属性	微波 X、L、Ka 等波段	近红外 800~900nm 中红外 1550nm	RGB-IR
成像几何	侧视：倾角 30°~60°	距离与角度	框幅式：下视、倾斜、全景 线阵列：多线阵
获取条件	云雨、光照几乎无影响 幅宽：大	云雨影响较大 光照无影响	天气影响大
搭载平台	星载、机载	星载单光子、机载、车载、手持式	星载、机载、车载、手持式
应用场景	大范围高分辨率地形 特殊场景：火山	植被密集区域 点云场景识别、特征提取	应用较广泛

2.2.2 实体化处理

从倾斜摄影测量、LiDAR、SAR/InSAR、航空航天影像等多源数据融合处理获取三维空间信息，并识别、提取、重建三维实体模型，是实景三维城市建设的首要步骤。其中，倾斜摄影测量通过搭载多镜头相机的无人机获取多视角影像数据，能够提供丰富的立面纹理信息，具有较好的三维立体真实性，已广泛用于大范围城市三维建模。LiDAR利用激光扫描技术获取高精度的三维点云数据，具有较好的植被穿透能力，适合高精度地形测量和工程勘测。SAR/InSAR通过雷达系统获取地表回波的相位信息，对地表形变极为敏感，且受云雨影响较小，适用于地质灾害监测和基础设施的形变监测及多云多雨地区的三维地形重建。航空航天影像则具有覆盖范围广、成本低、获取速度快的优点，适用于快速获取大范围的地理信息。

上述来源于不同平台、不同载体的数据，具有不同的观测视角、时间和空间分辨率、几何精度和光谱属性，多源数据间具有显著的互补性。这些多源数据经过去噪、滤波、几何纠正与坐标转换等预处理后，基于多模态数据几何相似性，构建全局场景几何一致性约束的模型，建立场景实例初始对应关系，进一步提取特征进行精细化匹配，实现多种数据的空间对齐。

利用配准后的多源数据，可以构建高精度的DEM/DSM，映射倾斜摄影数据中的高分辨率纹理信息，生成具有精确坐标和精细纹理的三维模型；还可以通过融合SAR/InSAR数据的时间序列形变信息，获取更全面的地表形变特征。结合深度神经网络模型，从影像、点云以及其他数据识别分割典型目标，区分不同地物的空间拓扑关系，特别是随着遥感基础模型的快速发展，高效可靠、通用性强的自动实体化分割模型进展迅速。同时，可综合考虑网格模型的线结构特征，构建针对性的目标优化函数，提升结构特征规则化程度，实现三维模型的精细化、结构化构建。

在复杂城市场景中，利用倾斜影像、近景测量影像、视频流全景数据、激光雷达数据、毫米波雷达信息等数据补充传统双目、多视倾斜影像建模的局限性，融合多源平台信息，改善遮挡、分辨率不一致、影像匹配误差等质量问题，提高实景三维模型的质量和表现能力。例如，青岛市港口海上信息模型、城市信息模型等应用场景利用多源数据融合建模，得到高精度实景三维信息模型，实现了地理实体资源信息的数据化和资产化，可打造绿色管理新模式。

2.2.3 语义化处理

传统测绘产品通常更关注空间位置和几何结构，仅通过图层或简单的数据属性表等方式叠加简单的属性信息，而忽视了丰富语义描述和复杂的实体关系，导致数据理解和互操作能力弱，难以支撑高层次的空间分析和复杂的语义推理，不利于不同来源泛在数据的集成与融合，无法满足自然语言和复杂条件的检索与查询，致使大量数据仅停留在测绘部门，测绘数据产品的智能空间应用潜力未得到有效挖掘和利用。通过地理实体的语义化处理，并融合泛在数据，可提升地理实体的价值和可用性，有助于更好地理解和利用地理信息，发现新的知识和规律，支持决策制定以及智能化知识服务。

实体语义化处理通过知识抽取从三维模型中识别出具有实际物理意义的地理实体，列出地理实体的本体构建中的基本实体类型、实体类型的属性词和关系词，区分实例和概念，并定义实体与实体之间的继承关系、等价关系、兄弟关系以及本体属性关联，进而可建立地理实体与自然、社会、经济、人文等信息的关联和知识化表达。地理实体元组融合对产生的多元组数据进行对齐合并，即实体的对齐以及知识的融合，制定地理实体唯一身份标识码的编码规则和跨层级、社会化赋码机制。基于空间数据表达、时空演变表达、实体标识方法以及实体间关系表达等地理实体信息模型，实现地理实体的"信息降维、时空升维、一码多态、一码关联"，形成经济社会人口信息和城乡建设、交通、能源、水利、农业、民政等行业专题数据与基础设施要素关系图谱的实体化集成表达。

通过构建超大城市统一编码体系，实现人、房、业、物、事、企等社会管理要素的编码分组和融合管理，统筹规划城市范围内对象实体标签，从而将商圈、楼宇、人口、单位、建筑等空间对象与上述社会管理要素进行动态关联，最终实现现实世界物理实体到实景三维空间中数据实体的精准映射。例如，上海市的基层社区管理场景、全景营商场景等，通过人房关联和标签化管理，实现小区、楼宇、企业画像和管理，精准定位和匹配特定对象，如特殊人群、重要客户群体与需求企业等，从而更好地服务社会治理。

2.2.4 时序化处理

传统测绘方式通常仅顾及一个固定时间节点的静态空间位置和几何结构，缺乏对地理实体随时间变化的有效监测和表达，仅能通过定期的全量更新来维持数据的现势性和新鲜度。这种方式效率低下、成本高昂，无法及时反映地理环境的动态变化。与此同时，不同来源的时序数据在格式、尺度和更新频率上存在差异，难以实现高效的集成与融合，不利于对复杂时空过程的深度理解和预测。不完善的时序化数据变化检测与更新机制，限制了地理信息系统在智能城市管理、防控监测等领域的应用潜力的开发，难以满足实时决策和动态分析的需求，致使大量数据仅停留在静态的"快照"状态，地理数据的时空价值未能得到充分挖掘和利用。

利用遥感影像的自动变化检测算法，结合机器学习和人工智能技术，可以从多时相的数据中提取地理实体的变化信息，实现对地物变化的快速识别和更新。而基于机器学习的变化检测与更新方法，则通常需要大规模的标注数据，且检测精度高度依赖于分类或分割结果，常采用三种不同的变化检测尺度或策略，即：基于点的变化检测、基于体素或占用网格的变化检测、基于片段或对象的变化检测。其中，基于点的变化检测方法通过计算同名点或最邻近点的空间位置差异来识别变化，该类方法可以很好地计算建筑物高度、地形起伏等单一维度变化，但无法实现针对某一实体的姿态及位置变化的监测。基于体素或占用网格的变化检测方法通过将点云划分为三维网格单元或体素，比较网格或体素的占用状态来检测变化。需要说明的是，基于体素的变化检测受点密度影响小，且极大地提高了变化检测的效率，但没有考虑高层语义变化。而基于片段或对象的变化检测方法则通过对比多期点云数据聚合的结构单元信息，或者基于深度学习检测语义标签的方法，来实现变化检测。

在更新方面，需根据不同的变化内容确定全域更新、局部更新等更新方式，确定数据更新周期、更新范围以及更新机制，定期获取差异估计单元数据，利用时序数据进行变化检测，获取城市更新的变化状态与信息，进而可对城市建筑物增高、降低、新建、拆除以及植被生长等多类型城市动态空间检测类型进行准确识别。对广泛应用的三角网格模型，可建立多期模型间的多级缓冲区，对数据进行自动裁剪、重构，并顾及全局一致性，进行匀光匀色与瓦片格网转换，再基于格网替换和任意范围线接边融合两种方式，实现城市级实景三维快速的快速融合与更新。为实现构建统一的时空数据库，支持多源、多尺度、多时相数据的集成与管理，可采用时间序列分析方法，并引入物联网传感器数据和移动设备数据等实时数据流，在提升对地理实体实时监测能力的同时，强化自动化的数据更新和版本管理，提高数据的现势性和准确性。通过这些技术手段，可以实现对地理实体的动态管理和分析，支持实时决策、预测和智能服务，充分挖掘地理信息的时空应用潜力。

2.2.5　实景三维数据管理

由于实景三维数据规模庞大、结构复杂，在几何结构方面从传统二维扩展至三维，在管理内容方面从几何空间数据丰富为数据、模型和知识的集成管理，仅依靠传统的文件存储和简单的数据库管理方式，难以有效组织和检索海量的三维模型、点云数据和模型知识。此外，不同来源的三维数据格式各异，缺乏统一的标准，导致数据之间的互操作性差，难以实现跨平台和跨系统的无缝集成。数据的更新和维护也存在困难，无法及时反映现实世界的变化，从而影响数据的现势性和可靠性。若缺乏高效的管理和应用手段，大量数据将停留在数据孤岛中，极大地限制了其在智慧城市、应急响应和虚拟仿真等领域的应用潜力。实景三维数据管理主要分为两个方面，分别是复杂数据的存储与多模态查询、数据标准化编码与多端互通的共享编辑。

在数据存储与查询方面，通常采用基于内存的复杂城市场景数据多模存储策略，建立统一的数据存储格式对实景三维 GIS 模型数据进行入库管理。利用多分辨率模型、层次细节（LOD）技术和数据压缩算法，提高三维数据的传输和渲染效率，通过压缩三维数据的几何、纹理等空间特征进行基础数据轻量化操作，缓解三维数据的存储压力。建立完整的时空物联感知数据管理体系，对实时变化的多源时空感知数据进行统一高效的一体化管理和维护。通过自动化的数据更新流程和实时数据接入，保持数据的现势性和准确性。建立多期实景三维数据库，利用多模态多层次混合的时空索引机制，提升场景展示和时序化分析的能力。结合语义化处理和知识图谱技术，丰富三维数据的属性和关系，支持复杂的空间分析和智能应用，为实景三维城市模型进行局部更新提供高效的访问查询手段。

在数据标准化编码与在线协同编辑方面，依据不同数据的使用场景与需求，制定统一的三维数据格式和交换标准,促进不同数据源之间的互操作性和兼容性,确定数据格式、命名规则、度量单位和分类标准,为各种实景三维数据添加符合标准的唯一标识编码,建立统一数据库和多源数据的分布式管理,数据权限级控制(安全),数据自动转换和版本管理,实现多平台数据统一化、规范化、标准化管理。同时,采用云计算和分布式存储技术,构建高效的三维数据管理平台,支持对海量数据的存储、检索和高性能计算,采取云端与跨平台部署以及多用户多角色管理策略,有效利用计算机资源,实时监控服务运行情况,监控计算资源提供集群队列权重管理,方便不同权限角色在各种客户端进行数据编辑与分享等数据操作。

根据建模过程的规范化参数更新方案,统一模型原点、坐标投影、空间参考、分辨率尺寸等数据结构基准,利用定期测绘和动态监测生成的高精度倾斜 Mesh 模型、DEM 地形数据、三维实体模型等,对任意格网位置的实景三维模型成果进行快速更新替换。同时,依托基层人员对城市变化的快速感知能力,提升更新数据的时效性。例如,在实景三维武汉建设过程中,在武昌杨园、三阳设计之都等改造项目中,通过多时序数据的变化检测与更新,实现对不同时期的项目开发进度和施工情况的实时监控,以及对已开发区域面积、资金的统计、计算和后续工作安排。

2.2.6　可视化分析

既有工具主要关注几何形态的展示,往往忽视了数据的深层次分析和语义信息的表达,导致用户在信息提取和理解上存在困难。通过将大规模的地形、影像、倾斜摄影模型、激光点云、实体模型、BIM 模型等多源异构的真实地理空间数据进行轻量化处理和融合,可构建全要素实景三维场景。以全要素场景为基础,叠加实体语义属性,融合真实物理引擎、GIS、人工智能、物联网和云计算等多种数字孪生相关技术,在计算机上模拟出包括自然环境、人类行为、交通运输、消防救援、灾难预案等多种要素的场景,可实现全要素场景的孪生动态仿真和分析,提升城市管理、健康监测等领域的决策能力。通过对多源异构数据流信息如视频信息、实景三维模型、街景影像等空间三维数据进行校准融合,可以提供具有空间三维信息的可视化服务,进一步提高服务的空间表达能力。

为提升海量实景三维数据的易用性,缓解前端应用因数据存储、渲染性能导致的硬件瓶颈,可基于 WebGL 渲染技术,通过与大数据技术的紧密融合,搭建"零客户端"的前端访问。此外,基于仿真引擎的后端渲染技术,即云渲染技术,对外提供地理孪生场景数据的访问服务,以实时视频流的形式将后端渲染的场景数据推送到前端应用,实现前端到后端的同步交互,可有效减缓对前端的硬件需求。利用内容感知的地物简化类算法,减少倾斜网格模型产品的冗余三角面,在不改变纹理效果和 Mesh 结构的前提下,实现模型数据的轻量化,实现多用户端便捷式访问。通过数据处理及分析服务,将后端计算的分析结果,以服务形式动态加载外部数据,包括手工精模、倾斜摄影、激光点云、BIM 等,实现三维场景的模拟展示。

几乎所有的实景三维应用场景都离不开可视化分析与服务,通过可视化和动态模拟仿真服务,可立体化直观呈现场景区域数字孪生模型与海量时空数据的相互作用机理,从而赋能诸如云踏勘、智慧文旅、地质灾害预警与防治、公共场所应急疏散、古建筑修复、乡村振兴等诸多应用场景。例如，山东省画美达尼乡村振兴示范片区依托实景三维青岛数据成果，打通平台壁垒，构建二三维一体化和移动端、管理端、可视化大屏端多端共治的城乡要素流通平台，实现了需求用户、供给方、管理者三方对房屋、商铺、土地的高清实景三维场景数据的实时访问。北京市的实景三维土地"云踏勘"产品，可以立体化、可视化展示地块区划位置、出让条件、规划要求，以及周边配套的市政、交通、商业、教育等资源情况，为北京全市土地储备地块在规划建设、工程决算、项目验收等阶段提供了实景三维场景数据展示。

2.2.7 数据共享与安全

实景三维城市建设面临着数据共享与安全双重挑战。一方面，尽管三维数据模型能够直观展示城市空间形态，但数据的共享机制往往不健全，存在数据孤岛现象，不同部门、企业间数据格式不统一，接口不兼容，导致数据流通受阻，难以实现跨领域、跨平台的高效共享。这不仅限制了城市治理、规划决策的全面性和时效性，也阻碍了智慧城市建设的整体推进。另一方面，数据安全问题日益凸显，特别是在实景三维数据中，包含大量敏感信息，如个人隐私、基础设施布局等，一旦泄露，将对城市安全和个人权益造成重大威胁。当前，数据安全防护体系尚不完善，存在入侵检测能力不足、数据加密技术滞后等问题。为同时解决这两个看似相互矛盾的问题，需构建统一的数据交换标准和平台，采用云服务等技术手段，促进数据的无缝对接和实时共享，确保数据资源的最大化利用。

此外，实景三维数据包括大量敏感语义信息，共享过程中既要防止数据泄露，又要满足数据的备份和完整性要求，故需要考虑潜在的网络攻击、数据损坏等安全威胁。目前，数据共享与安全的技术主要包括商用密码算法和协议、空间数据文件透明加解密、数字水印技术三种方法。其中，商用密码算法和协议是根据国家密码管理局发布的商用密码算法对数据直接进行加密；空间数据文件透明加解密方法采用基于国产密码的空间数据文件透明加解密技术，实现对地理空间数据文件的无感加密和定向授权管理；数字水印技术则是在多种格式地理信息数据中不可见地隐蔽嵌入数据的版权、用户、发单编号、分发人员、时间、备注等信息，可从数据中检测出嵌入的信息，从而追溯数据违法和泄密源头。此外，在网络传输中，为了确保数据安全，常采用端到端加密、虚拟专用网络（VPN）等手段。同时，还可以使用访问控制机制限定数据的使用范围，确保不同等级、不同分类的授权用户只能访问和使用对应所需数据，避免数据被不必要地访问，从而增加泄露的风险。

数据的共享与安全是实景三维建设的基石，可通过统一搭建基础架构、统一设计功能，构建提供基础型、公共性描述的基础类标准，建立实景三维安全管理及应用技术体系和服务模式，保障实景三维数据跨多种平台的安全传输和面向多个用户的数据共享。例如，青岛市基于云原生架构根据目前主流的实景三维服务标准，实现了3种实景三维服务的跨平台发布和统一访问认证控制，在保证应用层服务足够开放的同时，做到平台层管理上的统一。武汉市基于统一的时空三维底版开展数据融合，构建了基于分布式的云环境三维数据存储架构，创新提供共享式的数据和信息服务，为城市规划提供了丰富的基础三维数据支撑。

2.3 数据资源建设

自 2022 年 2 月自然资源部办公厅印发《关于全面推进实景三维中国建设的通知》以来，实景三维中国建设进入快车道，各省市实景三维建设实施方案不断落地，诸多建设成果相继突破，实景三维城市建设的技术手段和工作流程也愈发成熟，开展实景三维建设的城市数量也逐步提升。截至 2024 年 8 月，我国开展实景三维建设的城市已经超过 270 个，超过 60 个城市已经初步完成建设，累计建设了约 700 万平方千米不同精度的地形级、城市级、部件级实景三维模型，自然资源领域的市场规模超 20 亿元，智慧文旅、智慧城市、未来社区、智慧工地等各类场景应用也在不断丰富。预计到 2025 年，实现 5 米格网地形级实景三维对全国陆地及主要岛屿覆盖，初步实现 0.05 米分辨率的城市级实景三维对地级以上城市覆盖，50% 以上的政府决策、生产调度和生活规划可通过线上实景三维空间完成。

为进一步使读者对实景三维城市建设的总体情况有一个比较清晰的认识，本书在详细介绍各个实景三维城市案例之前，将先从全国实景三维城市建设的全视角出发，按照建设规模和建设成果两个维度分别展开，介绍当前各地实景三维城市建设的总体情况。

2.3.1 建设规模

随着实景三维中国建设的不断深化发展，我国实景三维城市建设规模近几年快速增加。结合泰伯网数据《中国实景三维市场研究报告 2023》及其公示的 2024 年部分实景三维项目信息，2022 年至 2024 年（截至 8 月 15 日）实景三维建设项目中各类别项目金额和数目占比如图 2-2、图 2-3 所示。其中，生产建库的项目数量占比最大，达到 75% 以上，其项目数量逐年增加，从 2022 年的 228 项上升到 2024 年的 340 项。

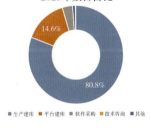
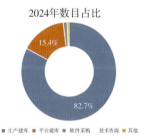

图 2-2 各类项目金额占比统计

图 2-3 各类项目数目占比统计

近三年,实景三维建设项目数量从 257 个增长至 384 个,2022—2023 年总金额呈现爆发式的增长,从 13.58 亿元增长到 50.64 亿元,增长了 42.71 亿元,而 2023—2024 年的增速则趋于平缓,只增长了 6.11 亿元,如图 2-4 所示。实景三维项目的平均金额从 2022 年的 528.6 万元激增到 2023 年的 1525.2 万元后,缓慢下降到 2024 年的 1477.9 万元,如图 2-5 所示。

(a) 实景三维项目数量统计　　　　(b) 实景三维项目总金额统计

图 2-4　2022—2024 年实景三维项目数量和总金额统计(单位:万元)

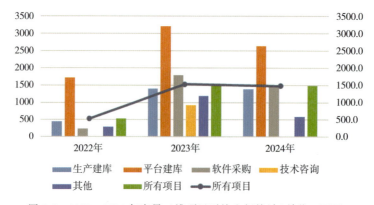

图 2-5　2022—2024 年实景三维项目平均金额统计(单位:万元)

可见，在自然资源部发布《关于全面推进实景三维中国建设的通知》后，全国范围内的实景三维建设迎来一轮提速，实景三维的市场规模在不断扩大。实景三维建设依赖于高精度数据采集与处理技术，前期的生产建库投入较多，生产建库项目数量占比也最大，而由于应用拓展不足，早期实景三维数据可满足的应用需求中，70%以上仅是简单的可视化展示。随着各省市逐渐加大建设力度，生产建库项目数量虽然仍在增加，但占比却呈现下降趋势。与此同时，各省市逐渐增加平台应用等后端应用的投入，使得实景三维可支撑的应用领域不断扩展。

截至2024年8月，实景三维城市建设已经覆盖超270个城市，超700万平方千米。依照当前项目增速，全国337个主要地级市的实景三维城市建设将在2025年如期完成。本书统计了部分实景三维城市建设情况，其建设内容占比分布如图2-6所示。各城市DEM/DOM建设面积平均达10000平方千米左右，不同城市建设覆盖范围大小有所差异，其中DEM的格网精度普遍优于2米，DOM精度普遍优于1米，两种模型的更新频率和建设面积呈负相关，即建设面积较大地区更新频率较低，这是由于数据采集和处理成本过高导致的。对于Mesh模型而言，大部分城市建设精度都能达到0.01~0.05米，平均覆盖面积为4000平方千米，相应的更新频率能达到每月2到3次。基础地理实体建设覆盖面积平均超过10000平方千米，相比地形模型，地理实体具有十几种类别，包括水系、院落、道路、建筑物、水利、交通等，虽然超过60%的地理实体来自人工地理实体，但其二三维几何精细程度均达到了LOD1.3及以上的层次，并建立了空间语义联系。

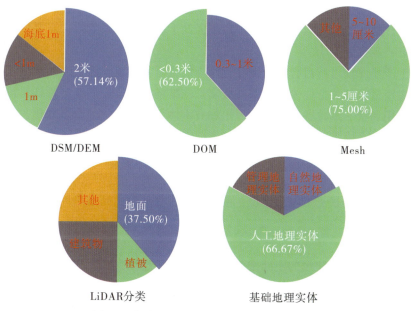

图2-6　部分实景三维城市典型建设内容占比

实景三维建设所用数据 80% 以上来自航空影像和机载 LiDAR，而顾及较高的数据采集成本，超过 60% 的成果生产是使用已有数据转换生产得到，仅有 30% 左右数据通过新增采集获得。大部分城市区域开展了划分 LiDAR 点云数据类别的工作，分类点云的平均覆盖面积约为 4200 平方千米，仅有部分城市根据需要，额外建设了城市区域的全景影像。由于实景三维中国建设国家统筹部分只涉及地形级与城市级建设，部件级建设由各地按需开展，仅有部分城市根据需要开展了部件级建设，包括地下管线、建筑物、交通道路等类型，均属于人工地理实体的范畴。

在物联感知信息融合方面，实景三维数据和网格化综合管理平台为城市提供了统一的三维底板数据，助力城市运行管理从二维走向三维。部分典型城市通过物联网、人工智能，拓展了玻璃幕墙安全监管、违法建筑治理、历史建筑保护监管、架空线入地监管、燃气供应监管等多个三维应用场景，形成了城市运行管理全域覆盖、智能派单、分层分级、依责承接、高效处置的闭环管理模式，全面提升了城市精细化管理水平。大部分城市则是选择建设成本相对较低的铁塔监控视频、无人值守的无人机场等物联感知设备，实现城市数据的实时监控，进而助力城市综合治理管控。

在线服务数据库建设方面，通过整合各地已建成的实景三维模型与自然资源时空大数据，以国土空间基础信息平台为基础，初步构建了城市广域范围内包含地形信息和自然资源信息的大型在线服务平台，实现了地上、地表、地下的全空间覆盖，为城市精细化管理提供了统一的时空基底。在此基础上，各城市基本完成了城市辖区内的城市和区县级别实景三维时空数据库建设，搭建了省市一体化数字公共平台，初步实现了地形级和城市级实景三维在线数据库的建设和时空数据的统一存储与管理。而部件级实景三维建设对应的社区和楼宇层级在线服务平台则仍处于探索和发展阶段，需要依托已有实景三维成果进一步扩展应用。

未来生产建库项目所占行业份额会持续降低，行业发展趋势更倾向于依托城市实景三维数据底座进行相关行业领域的部件级实景三维场景开发，如地下管线、输电网、道路交通等应用场景。随着各类需求的提出和技术体系的完善，一个多元化、个性化的实景三维应用生态系统将会逐步形成，市场规模将进一步扩大，实景三维技术将在各个领域得到更广泛应用。此外，基于对现有数据底座的充分利用、新增数据采集成本的降低，以及部分城市已开展实景三维城市建设的宝贵经验，全国范围内更多的城市和地区将着手启动和推进实景三维城市建设，使城市运行管理向更高水平的三维智能化发展。

2.3.2 建设成果

随着实景三维城市建设的不断推进，我国各城市逐步形成了丰富的实景三维数据成果、技术成果和应用成果，构建了统一编码、不同尺度、不同层级的实景三维数字底座，形成了时空数据管理服务系统，建立了以标准化、组件化、平台化的方式构建一体化实景三维平台，以统一标准提供空间数据融合、展示、分析接口，满足不同业务、不同场景对实景三维平台的需求，实现了空间服务标准化，大幅提升了地理空间数据在智慧城市建设中的服务，推动了城市管理的智能化转型升级。

1. 数据成果

虽然各地实景三维城市建设需求不同、现状不同，实施方案和成果精度亦存在差异，但现有的数据成果均主要包含地形级成果、城市级成果、部件级成果等主要类别。

在地形级数据成果方面，主要包括：优于 2 米格网 DEM、DSM，其高程中误差为 0.4~2 米，覆盖市级行政区域，并以 3 年为周期进行时序化采集与表达；优于 0.5 米分辨率 DOM，覆盖重点区域，按需进行时序化采集与表达；基础地理实体数据，由自然地理实体（如山体、水系、冰雪、农林用地与土质等）、人工地理实体（如水利、交通、建/构筑物及场地设施、管线、院落、人工地貌等）和管理地理实体（如行政区划单元、地名地址、国土空间规划单元、其他管理单元等）三大类组成，覆盖市级行政范围。部分沿海地区，一般还包括近岸海域水深 10 米以内浅水域 DEM。

在城市级数据成果方面，主要包括：优于 0.05 米分辨率的倾斜摄影影像、激光点云等数据，覆盖地级以上城市的城镇开发边界范围；优于 0.05 米分辨率的 DOM 模型，平面位置中误差为 0.3~0.4 米；优于 0.05 米分辨率的 Mesh 三维模型，覆盖城镇开发边界；基于上述已有成果以及 1∶500、1∶1000、1∶2000 等基础地理信息要素数据完成基础地理实体数据制作，覆盖市级行政区域；城市三维模型（LOD1.3 级），模型平面位置中误差为 0.3~7.5 米，高程中误差为 0.2~5 米。

在部件级数据成果方面，主要包括：管道、路面、水系、电力线、站台等具有真实纹理的地理实体数据，如精度优于 0.05 米的 BIM 模型，以及分辨率优于 0.05 米的 Mesh 模型，模型精细程度不低于 LOD1.2 级，平面精度优于 0.2 米，高程精度优于 0.3 米。

此外，基于实景三维数据，可以直接派生或进一步生产其他多种类型数据产品，极大提升了典型应用业务的数据生产效率和复用率。这些派生产品包括城市景观图、BIM 模型等，能够为城市规划、交通管理、环境监测等领域提供有效的空间信息支持。通过整合和分析这些数据，相关行业可快速进行决策，优化资源配置。另外，这些高复用率的数据产品不仅减少了重复采集和处理的成本，而且促进了不同部门之间的数据共享与协作，推动了城市治理的现代化。

2. 技术成果

实景三维城市建设积累了丰富的国产化测绘装备、自主可控的软件系统、物联感知能力和在线服务平台。这些测绘装备的国产化不仅提升了自主研发能力，也增强了国家在关键技术领域的竞争力。与此同时，自主可控的软件系统实现了对数据采集、处理和展示的全流程管控，确保了数据的安全性和可靠性。物联感知能力的增强，使得实时数据获取和动态监测成为可能，进一步提高了城市管理的响应速度。此外，在线服务平台的构建，提供了高效的数据共享和信息服务，促进了不同部门之间的协作与交流。这一系列成果共同推动了城市数字化转型，提升了城市治理的智能化水平，满足了新时代对城市管理的多样化需求。

在国产化装备方面，我国已积累了丰富的不同平台、不同模态、不同精度实景三维生产空间信息获取装备技术。例如，我国亚米级的高分辨率光学立体影像和米级的 SAR/InSAR 数据已经具备了自给能力，为实景三维城市建设中的高精度地形和建筑物实体模型建模提供了有力支撑。在航空测绘装备领域，我国一直处于明显的优势地位，特别是近几年各类低成本的无人机平台、轻量化测绘装备不断发展，为大规模实景三维城市建设降本增效提供了重要的基础条件。基于高精度组合导航系统和 SLAM 技术的车载、手持式三维扫描仪，融合激光雷达、相机和惯性测量单元等多种传感器，可方便灵活地获取精细三维模型数据，支撑部件级实景三维城市建设。

在自主可控的软件系统方面，国产实景三维软件经过多年的持续创新和迭代，在多层次精细化三维建模、高清可视化与智能模拟分析、自然资源生命共同体集成表达等一系列关键技术领域，形成了全链条国产自主的实景三维建模及应用产品体系；为满足实景三维城市精细化实体建模的需求，已具备地形数据、Mesh 三维模型、实体化模型的采集生产，三维表达基础地理实体数据转换生产和通用的地理实体质检等产品；攻克了实景三维数据的轻量化、标准化、多源数据融合及数据库管理等难题，构建了体系化的实景三维数据轻量化处理软件和管理软件。此外，基于各类图形渲染接口，开发了高性能的桌面端和轻量化的网页端实景三维数据可视化与分析软件，为实景三维数据的深度应用提供了坚实的平台基础，有效支撑了多领域、多场景下的三维数据应用需求；集成了物联网感知数据和各行业的业务数据，形成了基于实景三维场景的管理、分析、模拟与决策支持软件，已广泛应用于国土资源管理、空间规划、应急减灾等领域，为各行业的精细化管理、科学分析和智能决策提供了强有力的技术支撑。

3. 应用成果

依照"边建设、边应用"的基本原则，实景三维城市已在城市管理与空间规划、应急安全、智慧文旅、新基建等领域实现了一些典型场景的推广应用，取得了较好的实践效果。

在城市管理与空间规划领域，实景三维信息具有广阔的应用前景，可以极大提升规划论证的决策水平和工作效能，为城市规划提供新的应用载体，在城市规划、城市一码关联治理、基层社区治理规划、全景商场场景、企业楼宇实体画像、大型公共空间内部空间管理规划等方面发挥积极作用。为市政交通规划、区域施工、政府决策、基层社区治理、企业楼宇管理、大型公共空间或基础设施的内部环境治理等提供三维可视化数据基底。例如，通过将真实的实景三维场景与规划设计方案融合，数字化展示规划设计方案建成后的真实效果；利用实景三维场景漫游、色彩分析等功能，呈现城市建设空间形态、城市色彩、空间布局，综合考量规划指标；利用空间测量分析、景观分析、控高分析、天际线分析、日照模拟分析、可视域分析、阴影分析、通视分析等功能，论证规划方案指标的可行性；利用方案对比、多视角定位，以及视频输出、图片输出等功能，直观呈现规划成果，论证建成效果与规划方案指标的一致性，以及规划方案与现状的协调合理性；基于实景三维平台绘制市域国土三维空间实景图，反映真实的城市空间布局，利用空间分析功能，为交通设施路线规划、市域出行路线分析、低空无人机飞行路线设计提供解决方案，赋能市域低空经济，将低空经济纳入城市交通规划。

在应急救灾领域，依托实景三维平台，全面构建了"空、天、地、人"一体智慧化应急抢险指挥体系，赋能政府管理决策，在消防业务数据共享、灾害区域规划编制、基础设施建设、隐患排查、联防联控、灾区救援动态指挥、灾区物资投放等方面发挥了积极作用。例如，基于实景三维技术优势，突破应急救援工作时空、地域限制，通过"地图+数据+图表"多维度、全方位、丰富的数据展示方式，可以有效整合定位导航、地图检索、力量调派、实时传输、信息反馈等功能模块，联通视频监控、移动通信等信息终端，完善自然资源（土地现状、林草覆盖、山峰、居民地等）、临时水源、疏散路线、应急物资、重大危险源、待救援人员位置与风险情况等基础信息，汇成精准实用的"一张图"，直观展现救援全貌，为应急抢险部门、政府部门在应对突发灾难时安全高效指挥应急抢险工作提供了应用支撑。

在智慧文旅领域，基于实景三维虚拟数据和三维建模技术，打造智慧旅游智慧中心，支撑智慧文旅二三维一体化指挥调度，实现旅游卡口、监控等设施在三维场景中精准定位和科学布控，为应急处置、安保措施、游客分析等提供直观、精准的地理信息数据支撑。同时，结合实景三维元宇宙视频和 XR 沉浸式产品，利用虚拟穿戴设备和运动平台，为游客提供"科技+旅游"崭新体验，为游客打造一场数字孪生视觉盛宴，同时也为文化和旅游服务部门宣传市域文旅产业提供数据支持。

在新型城镇建设领域，以高精度实景三维作为城市统一的时空数据基础，在资源资产、规划配置、管制利用、矿产监控、耕地保护、生态修复、水源环境综合治理等方面提供实景三维数据分析与服务的同时，融合自然资源和规划、BIM、地下空间、物联感知等专题数据，搭建国土空间规划一张图、招商地图、产业地图等多个应用场景，构建"地上地下一体、二维三维一体、室内室外一体"的 CIM 基础平台。

在工程施工领域，依托高精度实景三维底座，整合规划方案模型、现状管道、地质模型等工程数据，搭建综合改造电子沙盘，为改造工程提供全生命周期的三维可视化支撑。例如，通过实景三维量算拆迁涉及的房屋、构筑物、植被资产量，可以大幅节省前期踏勘、评估的投入成本，提升估算精度；融合道路、管网 BIM 设计方案，为专家论证、优化比选提供直观、可视化的支撑，大幅提升设计精准度，有效规避了潜在风险；通过无人机定期获取现场三维模型，形成时序化场景成果，为进度管理、交通调流、各标段衔接调度提供可视化管理平台，显著提升了调度决策效率。

从 2018 年至今，实景三维城市建设可谓硕果颇丰，表 2-3 展示了 6 年来全国实景三维城市建设相关项目获得奖项（测绘工程奖、科学进步奖、地理信息产业科技进步奖）的数量，共计 248 项。

表 2-3　2018 年至今实景三维项目获奖统计

年份	自然资源管理	数字(政府)经济	新型基础测绘技术	其他	总计
2018	6	15	16	1	38
2019	6	13	18	2	39
2020	8	13	12	2	35
2021	5	16	23	1	45
2022	5	18	22	2	47
2023	7	19	17	1	44

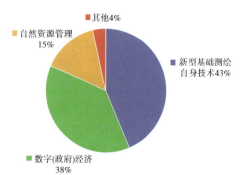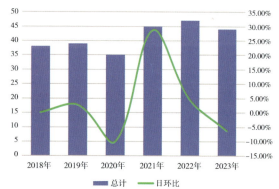

图 2-7　实景三维城市建设获奖情况图

如图 2-7 所示，历年所获奖项中，新型技术和数字经济相关奖项之和占比超过 80%，并且年获奖数在 2021 年有明显增长。由此可见，实景三维行业相关研究主要聚焦实景三维建设相关技术以及数字政府建设项目。由于奖项申请所用成果主要反映 2019 年以来行业相关研究成果，正与实景三维中国建设要求的提出时间相吻合。因此，可以得出结论，随着实景三维建设在全国各城市全面展开，大量实景三维项目成果和解决方案相继产出，进一步促进了实景三维行业技术体系愈发成熟。未来，随着实景三维中国完成度的继续提升和相关技术的迭代更新，海量部件级实景三维建设成果将在市场力量的参与和推动下大量产出，不断丰富实景三维城市建设技术成果。

2.4　小结

当前，实景三维建设已经从方兴未艾的起步阶段进入了百花齐放的快速发展阶段，随着各个试点城市实景三维建设的初步完成和各种应用场景的不断挖掘，实景三维建设的相关技术进一步得到完善，技术路线和技术环节愈发清晰。同时，随着实景三维产业相关政策的发布，行业规模仍在不断扩大。可以预见，各地实景三维城市初步建设完成以后，在现有城市实景三维数据库基础上，满足各类需求的部件级实景三维应用场景将会蓬勃发展。与此同时，我国实景三维城市建设所需要的硬件装备、建模工具、管理工具和应用平台在极大程度上实现了国产自主可控，已在众多城市得到了广泛应用。

尽管目前实景三维建设已取得初步成功，但仍存在一些不足和亟待解决的问题。在标准建设方面，实景三维城市建设的数据获取、数据处理、数据库建设以及应用与服务各个阶段，不同单位可能存在不同的标准规范，不同规范之间可能存在差异，甚至矛盾。比如，在实景三维标准体系建设已经明确的 31 项标准中，目前只有 10 项标准通过立项，其他部分标准或正在探索试点，或仍未启动制定。此外，当前实景三维的国家或行业标准数量相对较少，且标准化研究重点围绕产品需求。随着实景三维产品体系的转型升级，实景三维建设的技术体系和生产体系会发生显著变化，需要制定相应的标准和规范。

在与其他行业的兼容性方面，虽然实景三维数据已在自然资源管理、生态文明建设等多个方面得到了广泛应用，但在应用到其他相关领域时，数据模型不一致导致实景三维模型在各平台之间传输、展示时存在数据兼容性问题。首先，在实景三维建设过程中制作的数据产品与市场其他行业软件可能存在数据格式不兼容的问题。例如，设计行业软件 Rhino3D、AutoCAD、SketchUp、Autodesk Revit 等，其数据产品从概念模型层面可能与实景三维产品存在差异，不利于实景三维产品在不同软件平台之间传输、展示以及交互编辑。其次，应用目的和场景的不同使得三维模型的侧重点不同，游戏领域的 USD 标准更侧重于视觉效果和运行性能，需要在艺术性和精细程度之间找到平衡，而实景三维建设则强调对现实世界的精确再现，二者对模型的几何结构、纹理精细程度等技术指标有着不同的要求。为了实现高效的数据传输和展示，确保模型在不同操作系统、浏览器和设备上的兼容性，可采用跨平台的解决方案，并深入研究其他行业的工业标准，主动接入其他领域。

在隐私与安全方面，实景三维作为更高精度、三维立体的测绘地理信息数据，其重要价值主要通过数据的广泛应用和共享实现，而这些数据的泄露和滥用将带来巨大风险，尤其是在实景三维城市建设中，涉及大量居民个人信息、交通流量、国土资源等数据。根据测绘地理信息管理方面的保密要求，实景三维数据的应用和发布需受到严格管控，必须确保把数据安全治理覆盖到全生命周期。

在成本与投资方面，大量的数据采集工作和繁冗的数据处理流程无疑给实景三维数据的生产和使用带来了巨大的初始成本，数据与数据之间的管理和人工连接会耗费大量的时间。而在实景三维成果实现对城市区域覆盖后，后续实景三维数据成果的需要长期动态精准的维护和更新。为降低成本并提升经济效益，一方面需要因地制宜，按需生产，完善质量检查过程，提高实景三维数据生产和处理的效率，提升数据采集、处理和更新过程的自动化和智能化程度，提升交互处理的靶向性和便捷性；另一方面，需要充分发挥数据生产要素共享利用作用，以体现要素价值方面的独特优势，提高数据的重复利用率和数据质量，建立数据共享平台，促进不同部门或不同企业间的数据流通和利用，提高资源配置效率，创造新产业、新模式，培育发展新动能，实现对经济发展的倍增效应。

第 3 章 典型应用案例

3.1 总述

自然资源部以"数据为王、创新为要、应用为本、安全为基"为基本原则,基于时空基准、时空关联、时空分析、时空智能、时空安全 5 个核心功能,积极引导和培育实景三维中国应用需求,形成了涵盖灾害防治、智慧安防与调度、历史文化保护、国土空间规划、耕地保护、节约集约用地、生态保护、在线旅游等 22 大类 100 余种应用场景。

本章选择 16 个典型城市/区域的实景三维建设和应用进行介绍。首先介绍北京、上海、武汉三个国家新型基础测绘试点城市;然后介绍华东地区的青岛、宁波、德清、常州、烟台和黄山,东北地区的沈阳,西北地区的榆林,以及西南地区的重庆、内江,以及华南地区的深圳、横琴等典型城市/区域;最后介绍长三角示范区,为各地的实景三维建设提供参考。各城市/区域的实景三维数据成果情况见附录 3。

3.1.1 应用模式

1. 时空基底

实景三维产品作为各行业应用的统一时空框架,承载和支持各类业务应用。主要应用包括:①4D 产品生产,如基于地理实体转换生成 DLG;②基于高精度 Mesh 三维模型数据,进行地籍测量和不动产确权登记等;③通过对三生空间全要素三维建模,为数字政府、美丽乡村、智慧城市、CIM、数字水利、应急保障、智慧交通、生态保护、数字文旅等多行业应用提供统一的空间定位框架和数字底座。

2. 时空关联

利用实景三维产品提供的地理实体,链接或关联各类社会、经济、生态等专题信息,实现多源时空数据融合,更好地直接支撑具体的应用场景。

3. 时空分析

利用实景三维产品提供的丰富时空信息,通过数据挖掘、知识发现、过程模拟等高层次的加工处理,获得和提供有关空间格局、演变过程等方面的规律性知识。

4. 时空智能

依托实景三维提供的"数字空间"与"现实空间"实时互联互通条件，开展基于时空数据的监测、反馈、调控、预测等服务，在"数字空间"发现问题，提出解决方案，再回馈至现实世界的"物理空间"及人类活动的"社会空间"，实现信息化条件下的智能化应用。

5. 时空安全

严格遵守国家信息安全保密和信息安全等级保护要求，基于实景三维全场景、全过程、全业务、全空间的安全保密和自主可控能力，实现时空数据在政务内、外网以及互联网等多种网络环境下的安全交互和使用，满足多用户、多场景应用要求。

3.1.2 应用场景

全国各地城市结合实际需要，围绕支撑自然资源管理、赋能政府管理决策、助力数字经济发展、服务百姓美好生活、服务数字文化建设和支撑数字生态文明建设等方面，构建应用生态体系，并开展典型应用。

1. 支撑自然资源管理

围绕"严守资源安全底线、优化国土空间格局、促进绿色低碳发展、维护资源资产权益"的自然资源工作定位，以实景三维中国为空间定位框架和分析基础，推动时空大数据与自然资源管理信息深度融合，为自然资源调查、立体监测和自然资源监管提供数据保障，为资源要素监测监管与国土空间用途管控等提供统一时空基底，为国土空间规划实施监测、评估和预警体系等提供知识服务，为资源开发利用和生态保护修复等提供孪生场景，为三维确权登记、资产清查和生态价值评估等提供平台支撑。

2. 赋能政府管理决策

面向形成数字治理新格局、推进国家治理体系和治理能力现代化的目标，充分发挥地理信息数据公共性、基础性作用，将实景三维融入政府信息化建设，通过提供更加直观、全面和精细的城市立体数据，支撑决策者以全方位、立体化的真实视角审视城市现状，模拟、评估不同政策方案的实际影响与潜在风险，增强政府在城市规划和审批、城市更新建设和管理、公共安全、应急保障、交通管理、审计等领域的决策能力，推动政府各部门的信息化建设及治理模式创新向科学化、精细化、智能化迈进。

3. 助力数字经济发展

基于地理实体的关联特性，推进实景三维数据与其他生产要素耦合协同，支撑各类生产要素供给和需求在三维立体空间上的精准智能匹配和高效流通，构建高效协同的空间数据共治机制，支撑空间业务流程再造和场景综合集成。在智慧水利、智能交通、智慧建设、智慧矿山、智慧能源、智慧海洋、数字工厂、乡村振兴等国民经济重点行业中，围绕解决痛点问题、提升管理效率、促进信息资源共享利用、提升精细化服务水平，为行业提质增效、数字化转型提供支撑。

4. 服务百姓美好生活

围绕公众的消费需求，基于实景三维数据的场景认知、态势感知和形势预判能力，拓展线上实景旅游、虚拟展览及智能社区等方面的体验服务，建立更多的时空型社会生活服务信息平台，打造智慧便民生活圈，丰富旅游出行、购物消费、居家生活、养老托育等三维数字化应用场景，为广大市民提供更加便捷、智能的生活体验，提升人民群众的获得感、幸福感、安全感。

5. 服务数字文化建设

实景三维为促进文化繁荣发展提供了新平台、新机遇，是助力弘扬中华文化、保护历史文物的重要载体。将文化资源和遗产与实景三维进行深度融合，打造全面、立体、互动的新型文化服务业态，促进文旅融合和文物资源活化利用，为历史文化遗产保护、文化传播及创意产业提供创新平台，不仅丰富了文化体验，也为文化资源的可持续利用和文化遗产的传承提供了新的思路和工具。

6. 支撑数字生态文明建设

面对生态环境保护的紧迫任务，实景三维以其独特优势，为数字生态文明建设注入了新的活力与动力。为绿色生态城市创建、双碳核算等提供科学依据，助力实现绿色发展、循环发展、低碳发展；基于实景三维与环境监测数据，深度运用数字化、网络化、智能化技术，推动形成问题"早发现、早预警、早处置"良性治理机制，支撑资源与环境保护；推动实景三维数据与资源管理、生态环境要素深度融合，服务美丽中国数字化治理体系。

3.2 实景三维北京：服务首都，助力数字经济标杆城市

3.2.1 建设背景

为推动北京市基础测绘转型升级，提升测绘地理信息对北京市"两支撑、两服务"的能力，2021年5月，北京市人民政府向自然资源部提请申报承担国家新型基础测绘体系建设试点任务。同年6月，自然资源部批复了《自然资源部关于同意北京市作为新型基础测绘建设试点城市的函》，同意北京市作为国家新型基础测绘体系建设试点城市。从加强全市空间基础数据底座研究和建设全局考虑，国家新型基础测绘北京试点工作（以下简称"北京试点"）结合北京智慧城市"一图一码"、国土空间规划"现状一张图"建

设，构建三位一体工作机制，初步构建实景三维北京 V1.0。

截至 2024 年 9 月，北京试点已全面完成全市、首都功能核心区、城市副中心、怀柔科学城及周边、丽泽商务区等区域不同级别、不同类别的基础地理实体、地理场景数据生产，初步构建全市动态更新的多精度、多粒度、分等级的"实景三维北京 V1.0"，支撑北京智慧城市"一图一码"共性基础设施建设，提供统一的定位基准、时空底座和编码服务。赋能北京中轴线申遗成功，为建设项目审批、土地云踏勘、应急保障灾后重建、生态保护修复等方面提供了丰富的数据要素保障，大幅提升了地理空间数据在智慧城市建设中的服务能力，为"一总规、两控规"实施提供地理空间数据保障，有力支撑了首都城市战略定位落实和全球数字经济标杆城市建设。

3.2.2 建设内容

1. 数据建设

针对 5 个试点范围不同的功能定位、城市发展阶段以及已有数据基础，选择不同的技术，生产不同的产品，并各有侧重地开展示范应用。

(1) 地形级实景三维建设。基于北京 3 号卫星影像形成覆盖全市行政区域 16400 平方千米、分辨为 0.5~0.8 米的 DOM，每月更新一期；基于航摄影像形成五环外区域 15800 平方千米、分辨率为 0.1 米的快拼 DOM，每年更新一期；基于北京 2022 年机载 LiDAR 点云，形成五环外区域，包括建筑物、植被等 8 大类的点云精细分类数据；基于点云精细分类成果形成五环外区域，分辨率 2 米的 DEM、DSM，可按需进行更新。

(2) 城市级实景三维建设。针对区域不同的功能定位、城市发展阶段以及已有数据基础，选择不同的技术，生产不同的产品，并各有侧重地开展示范应用。

针对全市行政区域，构建智慧城市一张图的框架，利用 1:500 及 1:2000 地形图、分类后点云、0.1 米快拼 DOM 等数据生产全市房屋、道路、水系、院落等重要类别的二维表达形式基础地理实体以及建筑物线框式白模。

首都功能核心区 92.5 平方千米区域，是全国政治、文化、国际交往中心的核心承载区、历史文化名城保护重点区、首都形象窗口。地处变化较小的老城区，且无法航飞，因此，基于已有 1:500 地形图数据、2017 年军民融合的 Mesh 模型、各种地面扫描设备数据，综合处理生产精细三维形式表达基础地理实体。

城市副中心 155 平方千米区域，是京津冀"一核两翼"的一翼、北京副中心。这里是个新城，正处于大建时期，3 年变了 50%。基于 2021 年倾斜与点云同步的数据，形成 0.05 米分辨率的倾斜摄影 Mesh 模型，对房屋、道路采用不同的三维单体化方式构建精细化的三维基础地理实体，服务三维规建管和重大工程项目。

怀柔科学城 100.9 平方千米及周边区域，位于生态涵养区，是北京三大科学城之一，特点是城区在建设、山区要保护。在怀柔城区采用航飞数据，生产 0.03 米、0.05 米分辨率的倾斜摄影 Mesh 模型，服务城区建设。在山区利用国土变更数据、影像数据等生产自然地理实体，服务自然资源高质量管理。

（3）部件级实景三维建设。为探索室内室外、地上地下设施的精细化治理，建设约30平方千米的室内室外、地上地下实体，包括首都功能核心区道路设施、分层分户模型等部件级数据，应用于重要领导出行的安全分析。在丽泽商务区、副中心运河商务区及三庙一塔、怀柔科学城雁栖湖数学研究院等区域进行了分层分户及地下管线建模，构建了商务楼宇、文旅景观的部件级数据，为智慧园区建设、管理以及景区应急管理提供了依据和帮助。

（4）物联感知数据及其他。以5.77平方千米的新型基础测绘实景三维中轴线成果为底座搭建中轴线遗产监测体系，构建了中轴线遗产保护中心监测平台，形成遗产保护状况、可持续发展、遗产治理、管理体系、能力建设5大板块，累计260余项数据。依托遗产区28446个5G基站组成的数据采集网络，实现对中轴线总体格局、本体监测、格局风貌、自然环境、社会发展等动态感知、实时监测，逐步实现以预防为主、动态保护的科学监测模式。

2. 系统建设

通过建设时空数据管理服务系统，对实景三维数据成果进行组织和管理，实现各类数据的数据资产管理、建库与多源多态数据入库维护、关系识别与图谱构建、按需组装与产品派生等，为数据应用和服务提供支撑。系统可支撑二三维地理实体入库及关联，支持多期同一实体数据管理。可根据空间位置、属性信息扩展实体关系，建立数据索引。通过整合数据成果资源，形成以基础地理实体为核心的数据组织管理机制，构建完成统一地理坐标、编码规则的实景三维一体化展示门户，支持多类型数据成果服务共享，满足对实景三维数据成果的浏览、管理、应用、分析以及数据共享的应用需求，支持1000人同时在线进行数据服务访问，系统功能图如图3-1所示。

图3-1　时空数据管理服务系统

3. 标准建设

北京市在国家标准体系基础之上，突出北京特色，扩充标准数量，作为主编单位，制定了"编码服务"行业标准1项，以及"一图、一码、实体分类及成果"地方标准4项，参编国家标准2项、行业标准6项，如表3-1所示。

表 3-1 技术类标准编制清单

序号	标准名称	标准级别	主/参编
1	《基础地理实体空间身份编码服务技术规范》	行业标准	主编
2	《智慧城市实体时空标识编码规范》	地方标准	主编
3	《基础地理实体数据成果规范》	地方标准	主编
4	《基础地理实体分类与代码》	地方标准	主编
5	《智慧城市通用地图服务技术规范》	地方标准	主编
6	《基础地理实体空间身份编码规则》	国家标准	参编
7	《基础地理实体分类、施测、派生与关系处理技术规范》	国家标准	参编
8	《实景三维中国基本要求》	行业标准	参编
9	《基础地理实体分类、粒度及精度基本要求》	行业标准	参编
10	《基础地理实体数据成果规范》	行业标准	参编
11	《基础地理实体数据元数据》	行业标准	参编
12	《地理场景数据成果规范》	行业标准	参编
13	《地理场景数据元数据》	行业标准	参编
14	《1∶500　1∶1000　1∶2000 数字线划图生产基础地理实体数据技术规程》	行业标准	参编

3.2.3 典型应用

1. 智慧城市"一张图"共性基础设施

智慧城市"一张图"是全市统一的时空基准底座，是智慧城市的数字空间载体和共性基础设施。融合北京市实景三维模型和LOD1级建筑物白模数据产品，形成了全域全覆盖、动态更新的北京市智慧城市"一张图"通用地图，打造了北京市政务地理信息资源共享平台（图3-2），为全市各级政府部门业务应用提供了地理空间底图数据和功能服务。截至2024年10月，已累计支撑55个部门236个业务系统的共享服务，日均访问量超过80万次。

图 3-2　北京市政务地理信息资源共享平台

2. 城市码时空标识

城市码时空标识是城市码体系的重要组成部分。为破解城市实体精准标识和数据融合应用难题，构建多源数据关联的时空底座，运用地理实体空间身份编码规则，首次赋予"城市码"时空概念，为城市实体分配了唯一的"时空身份证"，研发城市码时空标识数据服务系统(图 3-3)，基于"一码关联"实现人、地、物、事、情等多源数据空间化融合，建立覆盖北京全域的城市实体时空数据集，为首都城市精细化管理和服务提供全新的手段。

图 3-3　城市码时空标识数据服务系统

3. 实景三维土地"云踏勘"

为解决土地现场踏勘困难、看地时间有限、难以及时了解地块及周边配套等问题，生产实景三维土地"云踏勘"产品(图 3-4)，立体化展示地块区划位置、出让条件、规划要求以及周边配套的市政、交通、商业、教育等资源情况，将"步行+地形图+影像图+现场照片"的踏勘方式升级为三维实景踏勘。2023年已完成北京市域63个地块云踏勘，2024年基本实现拟推介上市地块全覆盖。实景三维土地"云踏勘"产品有力支撑了全市土地储备地块在规划建设、工程决算、项目验收等阶段的多方位展示。

图 3-4 实景三维"云踏勘"产品

4. 应急保障灾后重建

基于实景三维成果实现快速、高精度完成河道、沟道淤积量与冲刷量计算，自动生成等高线，为受灾河道的清淤治理提供有力的数据支撑，为开展河道清淤工作提供了参考，支撑遭受极端强降雨后的门头沟和房山区的应急保障和灾后重建。结合"天地图·北京"和地名数据，进行投放精准计算，支撑航线规划、投放点选址、航飞安全控制、防汛物资精准投放等救灾工作(图3-5)，保障群众基本生活，有效支撑地质灾害治理。

图 3-5 应急物资精准投放

5. 历史文化保护

"北京中轴线"是中国都城中轴线发展至成熟阶段的杰出范例、中国理想都城秩序的杰作。依托实景三维成果,搭建北京中轴线文化遗产监测与保护平台(图3-6),实现了文化遗产的精细化、动态全面的保护,得到联合国教科文组织现场考察国际专家的高度赞许,助力"北京中轴线"申遗成功。基于实景三维中轴线数据,面向公众形成丰富多样的数字化中轴线展陈,并参加二十大"奋进新时代"主题成就展。为时空数据在打造数字文化体验新模式中应用了提供新的思路和方法。

图3-6　北京中轴线文化遗产监测与保护平台

3.2.4　特色创新

1. 技术创新

(1)创新提出高影采编技术。针对无地形图区域,利用专用投影改正算法,首创低成本、高效率的地理实体立体构建技术,对计算机硬件没有特殊要求,不需要高端的全数字摄影测量软件,不需要在航测立体环境下进行生产,对人员专业性要求不高,已应用到全市1万平方千米地理实体生产中,提升了30%的作业效率。

(2)创新质检评估技术。针对大范围实景三维数据的生产质检,特别是具有语义化、结构化的地理实体数据,创新构建定性和定量相结合的评价模型,提出对摄影原片以及实景三维数据一致性、完整性、正确性的自动化质检技术,研发了一套针对实景三维模型的自动质检软件,直接应用于北京市覆盖7家数据生产单位、22种生产路径、4大类数据成果的全市数据质量检验中。

形成"完整覆盖、有机组合"的数据采集体系。针对北京地形地貌复杂多样、空域管控尺度不同、区域发展层级不一,不同区域对数据精细度、颗粒度需求不一,数据采集生产手段也不尽一致等情况,综合采用了卫星、大飞机、无人机、车载设备、手持设备、背包设备等多种手段,分析了各手段的技术特点、适用场景、经济成本、生产效率等内容,形成了23种工艺手段,可按需求组合使用。

2. 应用创新

北京作为中国的首都，面对核心地区航飞受限、大型古代与现代建筑众多、自然资源管理精细等挑战，形成了全市动态更新的多精度、多粒度、分等级的实景三维建设，为智慧城市建设、自然资源管理、文化遗产保护和公众服务提供了重要支撑。

为实现"一图一码"两大智慧城市共性基础设施建设，以一套地理实体数据为核心，以城市码时空标识为纽带，构建"时空赋码+数据治理"创新数据融合治理体系，依托市大数据平台，汇聚整合全市域基础地理空间信息资源，为全市各级政府部门业务应用提供地理空间底图数据和功能服务；通过"城市码一码关联"，将各部门掌握的属性信息关联至同一实体，解决"万码奔腾"问题，融合全市各部门掌握的人、地、物、事、情等数据，实现了高效计算与决策分析。

为提升决策管理准确性，利用实景三维全景图制作技术基于"天地图"互联网查看成果，实现了数据共享，可足不出户、"身临其境"地了解土地地块现状，辅助相关管理和规划设计单位顺利完成线上踏勘，提高踏勘效率。此外，还支撑了六环高线公园国际方案征集和规划设计、地籍调查等工作。2023年，完成63个地块云踏勘。2024年，将实现商品住宅土地入市地块全覆盖。

为加强"北京中轴线"文化遗产保护、助力中轴线申遗，以实景三维成果为底座，创建了中轴线特色的遗产监测指标体系，建立了立体动态感知的中轴线遗产监测平台，解决了大范围开敞式建筑群遗产全域全时态监测的技术难题，直接支持"北京中轴线"2024年成功申遗。

3. 制度创新

北京市规划和自然委员会配合北京市经济和信息化局形成了《北京市公共数据专区授权运营管理办法（试行）》，为政企数据融合应用提供了政策支撑，为新型基础测绘数据成果共享和公开数据产品奠定了基础。同时，充分发挥数据要素价值，激发数据要素生产、流通、交易新活力，出台了《关于更好发挥数据要素作用 进一步加快发展数字经济的实施意见》等文件，完成了首笔测绘地理信息数据资产交易，积极探索了测绘地理信息数据要素流通制度与方法。此外，为加快推进测绘地理信息事业转型升级和产业发展，助推数字经济标杆城市建设，形成了《关于加快推进测绘地理信息事业转型升级 更好支撑北京高质量发展的意见》，为北京市测绘地理信息事业的高质量发展提供指导。

3.2.5 经济社会效益

1. 经济效益

实景三维北京在历史文化保护、智慧城市建设、三维审批、应急测绘等多个领域发挥着重要作用，建设成果应用于100余种应用场景，极大地提升了城市服务和管理效率。其中，实景三维"云踏勘"产品在2023年服务土地推介，实现了63个地块入市，无须人员亲自到场，节省100%企业踏勘成本；此外，该产品已在规划自然资源业务全流程推广应用，覆盖了土地入市、区域规划方案编制、建设工程项目设计、规划设计方案审批及自然资源确权等多个项目，节省了房地一体项目20%的外业工作量。实景三维北京在市大数据工作推进小组的统筹下，智慧城市顶层设计的布局下逐步开展，避免了全市精细化实景三维数据的重复建设，从而减少了市级财政支出。

2. 社会效益

（1）首次构建了覆盖北京全市域的时空数字底座，提高了城市治理水平。实现了从二维到三维、基础地理信息要素与基础地理实体的转变。借助智慧城市"一张图"、城市码时空标识，实现城市实体感知数据，线上线下互联互通，广泛支撑北京市政府委办局政务信息化系统应用，通过政务外网和互联网，为1200余个委办局和企事业单位提供公共地图服务，在政府宏观决策、城市规划建设和应急管理等方面发挥了良好的作用。建立统一的地理空间编码体系，基于城市码时空标识，在北京市两个街道形成以地理实体为底板挂接地理国情、不动产登记、规划审批的数据成果，实现"一码关联"，并将朝阳区左家庄街道打造成为智慧街区，实现各类信息的快速传递和共享，提高了城市的响应速度和处理能力。

（2）激活测绘地理信息要素潜能，支撑高质量发展。向全世界展现了文化遗产数字化保护成果，极大增强了人民群众对于传统文化的自信心，遗产保护观念深入人心。深度探索空间信息技术与文化遗产融合的模式，遗产监测成果获得了文旅部和工信部2023年度"5G+智慧旅游"应用示范项目、2023年智慧城市先锋优秀案例荣誉。以数字化方式更好地推进了"北京中轴线"遗产保护的全民公众参与程度。截至2024年10月，平台注册志愿者上万人，累计上传监测照片8万余张。系列成果极大地增强了人们对传统文化的自信心，突出了新时代大国首都的文化底蕴和民族自豪。

3.3 实景三维上海：从实景三维到数字孪生

3.3.1 建设背景

2021年《上海市国民经济和社会发展第十四个五年规划和二〇三五年远景目标纲要》提出全面推动城市数字化转型，加快打造具有世界影响力的国际数字之都，到2025年，全面推进城市数字化转型取得显著成效，国际数字之都建设形成基本框架，到2035年，成为具有世界影响力的国际数字之都。2022年上海市人民政府办公厅印发《上海市数字经济发展"十四五"规划》，明确提出要构筑服务于城市精细化管理与数字化转型的空间基底，支持建设城市级实景三维数据库以及应用服务系统，逐步构建本市核心区域、重点区域、五个新城实景三维地图。

上海自2017年开始实景三维建设探索，已开展了基于地理实体的全息地理时空数据获取、处理、建库、管理和服务等系列研究，发布了全国首部《基于地理实体的全息要素采集与建库》团体标准，推动超大城市新型基础测绘规模化生产实践，成为全国第一个通过验收的新型基础测绘试点项目，为实景三维上海的建设打下了坚实的基础。

为加快探索以数字化手段助力城市治理，全面提升数字化治理服务能级，上海市测绘院联合徐汇区城市运行管理中心以"人民城市"理念，以实景三维技术建设了全市首个区级数字孪生城市，形成全域三维立体的框架体系和数字孪生对象映射，推动城市治理逐步向可视化、智能化、精准化、互动化发展。

3.3.2 建设内容

立足徐汇区孪生城市建设，面向全市实景三维建设，坚持高标准引领，以全空间、精细化、可解读的实景三维为基础构筑城市数字底座，提出"强化顶层设计、创新更新机制、聚焦服务能力"的建设思路，致力打造"全息采集、智能处理、实体建库、知识服务、高效更新"的实景三维上海样板，融合数字孪生、万物互联等技术手段，让城市管理的对象"立起来、动起来、活起来"，促进城市规划、建设、管理各环节治理向科学化、精细化、智能化迈进。

在数据体系方面，聚焦数据分级分类，提出"一套地形基底、三类地理实体、三级实景模型、N种城市部件"的"1+3+3+N"数据体系，创新数据采集建库应用技术，形成地方标准规范，增强实景三维技术与上海数字化转型工作深度融合标准化、规范化水平。同时，创新采集建库技术，形成标准规范，提升数据应用价值。

在管理体系方面，探索基于模型和实体的分级多周期迭代更新的数据管理模式，创新管理驱动的实时、固定需求的和应用需求驱动的按需更新相结合的更新模式；探索地理实体的全流程生产与更新管理，实现地理实体与基础测绘生产体系融合。

在应用推广方面，构建上海数字空间基座，提高地理信息服务能力；针对不同管理和应用需求分级分类发布，推动实景三维上海数据在各行业中的轻量化、可扩展应用；为超大城市数字孪生的"空间数字底座"等多平台提供有效支撑。

在试点区域上海市徐汇区，以夯实实景三维的城市数据基础为目标，实现不同精度、不同层次、不同时相的管理要素数据集成，形成全域三维立体的框架体系，实现面向基层治理的实景三维对象映射，推进通用型、轻量化、立体化服务体系建设，推动城市治理逐步向可视化、智能化、精准化、互动化发展，助力治理更加高效、流程更加精简、决策更加科学，赋能全区城市运行管理。

1. **标准建设**

围绕数据生产、服务、安全等各项工作，深化实景三维上海技术标准体系，结合典型应用示范，重点聚焦数据分级分类、数字孪生场景、空间实体编码、时空分析服务和接口、安全管理等方面，研究编制系列地方标准规范体系，在上海各领域、各行业推广应用，增强实景三维技术与上海数字化转型工作深度融合标准化、规范化水平。完成了2项地方标准《空间地理要素实体编码规范》《空间地理数据归集技术要求》和1项团体标准《基于地理实体的全息要素采集与建库》，后续将组织申报三维地理场景数据成果、三维数据接口及服务以及质量检查等方面的标准，如表3-2所示。

表 3-2　标准编制清单

序号	标准名称	标准级别	主/参编
1	基于地理实体的全息要素采集与建库	团体标准	主编
2	空间地理要素编码规范	地方标准	主编
3	空间地理数据归集技术要求	地方标准	主编

2. 数据建设

实景三维上海数据建设采用统一的时空基准。平面坐标系统采用上海 2000 坐标系，高程基准采用上海吴淞高程基准，时间基准采用公元纪年和北京时间，所有数据的现势性优于 2022 年。实景三维上海数据建设分地形级、城市级和部件级三个层级有序推进，同时创新管理更新机制，研究实景模型数据和地理实体数据基于管理驱动的动态更新、传统模式的周期性更新和按需更新。

徐汇区实景三维数字底座包含 DOM、DEM 等地形级实景三维数据，倾斜模型、城市规划模型、三维 Mesh 模型等城市级实景三维数据，以及地下管线、地下空间、道路设施、分层分户模型等部件级实景三维数据。

在城市级实景三维建设方面，与上海人工智能实验室合作，探索将 NeRF 实景三维大模型应用于真实感三维场景重建，以人工智能创新技术为引领，为空间信息采集、处理、分析和应用工作全面赋能，实现了重点区域城市级实景三维建模，在实景三维重建领域实现了技术突破，为城市三维重建提供了新的路径。在 2023 年的世界人工智能大会(WAIC 2023)上，上海人工智能实验室联合香港中文大学和上海市测绘院发布了全球首个城市级 NeRF 实景三维大模型"书生·天际(LandMark)"，如图 3-7 所示。

图 3-7　NeRF 技术用于城市级实景三维场景重建

在部件级实景三维建设方面,实现了全区住宅小区分层分户模型全覆盖,共计覆盖全区 3.7 万幢建筑,完成全区住宅小区 24265 个门栋分栋模型、50 万个户室分层分户模型建设,精准挂接 110 万人口及相应民生标签;完成徐汇区西岸区域 53 个重点楼宇精细化建模及西岸智塔等示范重点楼宇的分层模型建设,同步挂接 3600 家企业信息,叠加交通、商业等周边配套信息,展示招商、走访等记录。在数据接入方面,完成全区地下管网三维模型建设,包括电、水、气、通信等六大类市政共计约 4000 千米管线空间信息;与对应的物联感知设备、管理要素进行关联挂接,共接入 4.6 万个视频探头,实现视频图像、监测传感、控制执行等智能终端在三维空间中位置可视化,并探索实现传感数据的空间融合,不断拓展"一屏观天下",为"数智赋能"的基础设施提供了有力的数据支撑。

面向徐汇区空间要素和管理要素全面整合融合,开展空间要素统一编码,实现数据横向协同、纵向赋能。各委办局及街镇等相互独立的管理要素通过空间要素实现关联,使用时按需灵活提取,打破了原有管理对象间的隔断,实现了空间数据"可看、可用、可管"。如图 3-8 所示,根据管理的侧重方面,将空间数据划分为"围墙内"和"围墙外","围墙内"以居住为核心,按照居委、小区、分栋、分层、分户,从建筑门牌管理细化到楼宇内部户室管理,实现地、房、人各级空间、管理要素关联,实现居住人口精准到户的映射关系。"围墙外"以商业为核心,按照商圈、楼宇、分层形成流动人口、企业单位与空间建筑的动态关联,将人、事、物、企等社会管理要素"装"到区、街道、社区、建筑、房屋等空间对象中;构建全区统一的孪生数据体系,形成数字城市与物理城市的"虚实结合"。如图 3-9 所示。

图 3-8 分层分户数据自动采集建模

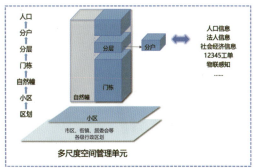

图 3-9 空间要素与管理要素融合

3. 平台建设

针对区、街镇不同层级的实景三维应用需求,以标准化、组件化、平台化的方式构建一体化实景三维平台,以统一标准提供空间数据融合、展示、分析接口,满足社区管理、招商营商等多样化的业务应用和场景对实景三维平台的需求。平台将实现空间服务标准化,抽象出一系列标准的实景三维空间服务,通过工具实现业务数据上图和统一管理，支持上层应用对数据进行基于实景三维地图的分析。完成了地理围栏、属地返还、坐标转换、数据落图、要素编码等通用工具建设，提升实景三维平台能力从"可看可用"到"可算可感"。可根据不同类型、不同服务目标的用户组成和划分，为不同用户提供空间数据服务应用。针对城市治理中常用的空间数据处理与分析需求，提供可扩展的数字孪生地图可视化和分析组件。帮助平台用户基于平台提供的相关服务，结合自身的业务、应用模板建设专业的业务系统。

3.3.3 典型应用

整合实景三维基础设施资源和数据资源，根据不同类型、不同服务目标的用户组成和划分，对用户提供丰富的空间数据服务应用。通过空间底座的资源共享、标准化的服务接口定制，为各应用场景提供即插即用的标准化服务。在应用过程中，不断更新迭代完善，打造空间资源开发使用的和谐开发生态。

1. 基层社区精准管理

社区是社会治理的重要单元，也是群众感知公共服务效能和温度的"神经末梢"。建设基层社区管理场景，通过"三个实有"数据与实景三维平台底座的融合应用，梳理人、房关系，实现人、房一一对应，以三维立体建筑形式更直观清晰地展现小区居住状态，做到区、街镇、居委会、小区等多空间尺度的基层社区治理，如图 3-10 所示。形成"一人一档、一房一档"，并通过标签化管理，精准定位独居老人、婴幼儿、孕产妇等重点关注对象，实现分色显示和重点人群所在户室筛选定位，更好地服务重点帮扶对象，实现"精准救助"。

图 3-10　基层社区管理场景

2. 全景式数字营商场景

全景式数字营商场景对招商政策、项目资源、设施配套、产业集群等资源进行统一整合和全景式管理，为营商工作提供统领全局的视野和决策分析辅助，使得营商工作的方方面面能以数字化的方式全面直观地加以呈现，推动招商响应机制"由慢到快"，赋能助力一线人员工作效率"由低到高"，推动招商管理工作向可视化、智能化、精准化、互动化发展,如图3-11所示。一方面,结合分层到户的空间管理单元,从楼宇载体、企业、资源配套等多维度实现"一屏观",实现精准的产业画像、楼宇画像和企业画像,辅助摸清产业家底和产业规划决策。另一方面,用招商服务小程序信息动态采集系统,为企业提供企业选址、周边配套、招商、企业走访等服务,通过建设租金、面积筛选等功能精准匹配客户需求,同时沉浸式展示周边配套设施,供潜在客户参考,为企业提供无微不至的服务。

图3-11 全景营商场景

3. 透明化消防战场场景

利用实景三维数据基底叠加城市体征打造透明化战场,以突发事件为出发点,以一张图的形式汇聚空间内的消防业务及视频数据,如车辆、单兵、无人机、消防站等,实现数字空间的"挂图作战",如图3-12所示。实现消防栓、消防站及实时水压、消防人员位置等信息实时接入,无人机、车辆等实轨迹推演,为作战决策提供支撑。根据火灾等级迅速设定救援方案。通过视觉中枢调取周边摄像头查看发生火灾小区周边的情况,并依靠已经接入的精准社区人房信息调取现场住户及其相应的联系方式,引导其疏散至安全区域。同时,利用融合通信系统与街道、居委会通过案件信息窗建立现场处置临时群组,排摸人员被困、疏散情况等。对现场情况精确把控,提升了紧急处理突发

图3-12 透明化消防战场场景

事件的能力。

4. 组件化实景三维平台

如图3-13所示，针对区、街镇数字孪生建设需求，以标准化、组件化、平台化的方式构建一体化实景三维平台，以统一标准提供空间数据融合、展示、分析接口，满足不同业务、不同场景对平台的需求。平台将实现空间服务标准化，衍生出一系列标准的空间服务，通过工具实现业务数据上图和统一管理，支持上层应用对数据进行基于实景三维地图的分析。

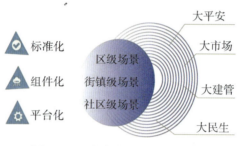

图 3-13　服务各类数字化治理场景

将实景三维基础设施资源和数据资源加以整合，根据不同类型、不同服务目标的用户组成和划分，通过空间底座的资源共享、标准化的服务接口定制，为各应用场景提供即插即用的标准化服务。在应用过程中，不断更新迭代并完善，打造空间资源开发使用的和谐开发生态。当前，已为腾讯、华为等10余家合作单位提供了"开箱即用"的场景构建能力，共同建设了20多个应用场景，覆盖13个街镇、20多个委办局，共100万人口、2万多企业法人单位。

3.3.4　特色创新

1. 人工大模型AIGC快速生成真实感实景三维场景

探索将NeRF实景三维大模型应用于三维场景重建，与上海人工智能实验室联合发布全球首个城市级NeRF实景三维大模型，并在试点区域实践应用；首次将AIGC用于城市级三维大场景还原，将原有生产效率提升了10倍以上。

2. 自动化构建精细化治理的"最小单元"实体

研发矢量信息自动提取和规则化三维场景自动重建技术，快速构建三维空间管理单元，大幅降低了管理成本、缩短了工作周期；按照商圈、楼宇、分层形成流动人口、企业单位与空间建筑的动态关联，将人、事、物、企等社会管理要素"装"到区、街道、社区、建筑、房屋等空间对象中。

3. 面向管理需求的"空间可计算"能力

依托数字孪生算法和算力，研发灵活可配置的空间计算工具，支撑各种算法的实时调用与有效组合，完成海量时空大数据的计算处理；构建时空知识图谱，提供"数据-信息-知识"服务，可对任意圈层内的人口标签、企业税收等各类管理信息进行实时的时空分析。

4. "基层业务驱动"的信息更新模式

依托基层人员对城市变化的快速感知能力，发现变化线索，采集变化信息，提升数据更新时效性。如图 3-14 所示，开发变化信息上报工具，由基层人员完成采集地名地址等数据，最大限度地减少了采集成本，提高了信息采集的效率，打破传统固定的更新周期，提升了基础空间数据的时效性，驱动数字孪生城市与现实世界同步生长。通过该机制，已依托全区社区工作人员实现了数据缺漏上报以及地名地址、小区边界等信息的动态更新。

图 3-14　空间信息更新上报工具

3.3.5　经济社会效益

1. 经济效益

（1）推动数据资源共享与集约建设。实景三维平台的实施与推广，最大化利用现有系统及各类资源，促进空间地理信息共享利用。基于实景三维平台对所有数据资源进行有机整合，形成全方位、分层次的信息展现，实现资源入口统一和信息展现统一，提供关联、融合、有序、实时的业务信息，从而让城市信息化建设成果得以充分利用，可为规划资源管理、智慧公安、智慧农业、市区街镇级数字孪生城市建设等城市运行管理和精细化治理全领域应用提供信息服务支撑，避免不同业务条线部门重复采集各类空间数据。以上海市徐汇区为例，预计每年可节约数据重复采集建设费用上千万元，经济效益显著。

（2）优化资源分配与促进产业发展。实景三维技术通过全要素的数字化表达，实现数字空间和物理空间数据的一一映射，精细化、动态化、三维可视化可展现在一张"全局三维实景图"中，可实现全区所有资源快速统一调配、可视化呈现、智能化应用。同时，利用实体丰富的属性融合能力，可将地块、产业、人才、资金、物流等要素进行深度叠加和挖掘，探索发现区域管理新视角，在不同条线的动态、多源数据叠加后，对区域的经济发展、产业动态、交通规划等将产生具有启发性的决策支撑作用。

2. 社会效益

（1）推动城市治理现代化转型升级。凭借打破领域壁垒、打通层级边界等特性，可打造信息共享、相互推送、快速反应、联勤联动的指挥中心，对推进城市治理具有重大意义。以城市治理"一网统管"为牵引，率先打造数据驱动、科学决策的"数治"新范式，可提升全覆盖、全过程、全天候城市治理能力，实现社会资源共享，精准呈现城市运行状态，着力解决精准化预判、精细化处置及跨行业跨部门协同综合治理方面的突出难题。当前，平台已成为上海城市数字化转型标杆场景，是各地来徐汇区城运中心参观调研的必选考察学习对象。建设成果已被多家主流媒体重点宣传报道。

（2）提升城市管理效能，切实为基层人员减负。实景三维建设按照"一张底图""一个平台""一套标准"，全面夯实实景三维数据底座，让"上级数据赋能基层数据反哺"的良性循环运转更有效，切实减轻了全区 2000 多名基层人员的"数字负担"。通过社区基层治理、消防透明化战场、空间可计算工具等场景工具建设，每天可以为 2300 位基层工作人员人均减负 1 小时，每年可增加 62 万小时为人民服务时间，让基层得以把更多精力投入深化为民服务和积极干事创业中去。

3.4 实景三维武汉：先行先试，以用促建

3.4.1 建设背景

2006 年，武汉市在全国率先建成了覆盖中心城区的仿真三维模型，为城市规划审批提供了重要数据支撑，并牵头制定了行业标准《城市三维建模技术规范》。2021 年，武汉市"十四五"基础测绘规划任务提出，加快推进实景三维武汉建设及应用，扩大测绘地理信息资源有效供给，提升测绘地理信息工作的能力和水平，为武汉市自然资源"两统一"管理、国土空间规划、社会治理能力现代化等工作提供统一的时空数据底座，支撑自然资源领域和城市数字化转型。

2021年7月，自然资源部城市仿真重点实验室正式获批，该实验室聚焦自然资源管理和国土空间管控，以"计算式"仿真为主要技术手段，通过海量数据的汇集与融合感知城市脉络，运用城市计算和未来测试把握城市规律，形成决策场景引导城市发展。2023年，自然资源部首个实景三维领域的科技创新平台"实景三维建设与城市精细化治理工程技术创新中心"在武汉市挂牌。该中心紧紧围绕国家数字中国、新型基础测绘与实景三维中国建设等重大战略部署，聚焦城市精细化治理对实景三维建设的新需求，解决一批实景三维生产管理及应用的关键核心技术和工程技术难题，构建实景三维智慧化、系统化、标准化技术及产品体系，为自然资源管理乃至各行业提供新型、高效、按需组装的数据支撑和产品服务，真正推进实景三维在城市精细化治理及各行业中的广泛应用。

实景三维武汉结合国家新型基础测绘武汉试点任务启动建设，按照《实景三维中国建设总体实施方案（2023—2025年）》建设要求，围绕实景三维建设与城市精细化治理工程技术创新中心总体定位，以"边建边用"为原则，开展地形级、城市级和部件级实景三维建设和应用探索。

3.4.2 建设内容

1. 产品设计

结合武汉市自然资源管理和经济社会发展需求，实景三维武汉形成了地上地下一体化特色鲜明的地形级、城市级和部件级产品体系，主要体现在地质三维模型、LOD2.2级白模和视频流全景地图（视频三维），如表3-3所示。

表3-3 实景三维武汉产品类型

类 型	主 要 内 容				
地形级	DEM	DOM	DSM	LOD1.3级建筑白模	地质三维模型
城市级	Mesh模型	LOD2.2级白模	仿真三维模型	视频流全景地图（视频三维）	地理实体
部件级	Mesh单体化模型	道路部件设施仿真三维	地下建构筑物仿真三维	地下管线仿真三维	—

2. 数据建设

（1）地形级实景三维建设。产品主要包括DEM、DOM、DSM、LOD1.3级建筑白模、地质三维模型数据等。已完成全市域格网尺寸优于0.5米的DEM和DSM生产；完成全市域分辨率优于0.2米航空影像DOM生产；利用房屋实体数据，按照"实体二维图形+高程"方式，通过软件自动构建LOD1.3级白模；利用地质钻孔资料、地质剖面，结合

DEM，构建全市域三维地质结构模型。

（2）城市级实景三维建设。产品主要包括倾斜 Mesh 模型、LOD2.2 级白模、仿真三维模型、视频流全景地图、地理实体数据等。已完成中心城区及 3 个开发区超 2000 平方千米影像分辨率优于 0.03 米的倾斜摄影三维模型建设；基于全市域点云密度每平方米超 35 个点的机载点云、房屋实体数据等生产 LOD2.2 级白模；完成中心城区超 800 平方千米仿真三维模型生产；完成全市 25 条重要保障线路、江汉区以及东湖高新区核心区域的主次干道分辨率不低于 4K 的视频流全景地图生产；基于地形图、建筑信息调查、地下空间调查、道路全息采集、国土空间监测等数据成果，整合形成覆盖全市域房屋、地下建筑、道路、水系等四大类基础地理实体。

（3）部件级实景三维建设。产品主要包括倾斜 Mesh 单体化、道路部件设施仿真三维、地下建构筑物仿真三维、地下管线仿真三维等。已完成江汉区和东湖高新区部分区域的 100 平方千米倾斜三维模型单体化生产；完成全市 4000 千米市政道路部件仿真三维模型生产；完成主城区 202 个地铁站点及区间的仿真三维模型生产；完成中心城区 960 平方千米范围内供水、排水、燃气、热力、电力、通信、专用、工业等 8 大类 4.56 万千米的地下管线仿真三维模型生产。

3. 系统建设

自主研发测绘地理信息时空云平台，实现实景三维数据的管理、可视化及应用，并能与多源数据相融合，实现数据间的联动展示及分析，包括"融合汇聚""集成展示""协同管理""应用定制"等功能。

（1）融合汇聚。平台汇聚了武汉市各类基础测绘和专题调查数据，统一对外提供共享服务，实现数据库的集中管理，支持数据服务的自主注册和在线分发，以及不同来源、不同格式的三维数据接入和融合。平台通过生成多细节层次 LOD、三维分布式存储和计算、三维缓存等技术手段，解决了 TB 级海量实景三维数据的直接加载性能、动态坐标转换和多终端支持等问题；基于"虚拟动态单体化"方法，解决了倾斜 Mesh 模型等场景类数据的单体化表达，实现了多源业务专题数据与场景数据的快速融合。

（2）集成展示。平台可集成展示各类地理场景和地理实体数据资源，实现对传统线划图、遥感影像、实景三维、仿真三维、视频流全景地图、地理实体等数据的统一管理，不同数据图层间可灵活切换，不同实体可与不同场景组合叠加和融合，并通过用户权限实现数据服务的灵活配置。

（3）协同管理。协调市区两级实景三维数据统筹建设，基于统一数据服务的行政区域权限管理，市区一体化协同管理成效显著，实现了市区实景三维数据的共享。基于开源 Cesium 三维引擎，自主研发了基于空间范围的数据服务权限控制技术，开发了各类数据服务基于复杂多边形的快速裁剪和快速过滤功能，实现了一套数据服务在各区节点按空间范围的授权应用。

（4）应用定制。基于平台的各类数据服务以及查询统计、三维分析等功能，提供面向应用系统的模板化创建和发布解决方案，通过提供模板化和参数化的方式，实现了应用系统展示、数据、功能组件的动态可配置，可定制形成面向不同用户需求的服务应用系统，实现了实景三维的快速定制化应用。

4. 标准建设

为规范实景三维武汉建设，基于国家新型基础测绘建设武汉试点生产实践经验，构建了基础、技术、产品、服务、质量、管理等六类标准的实景三维武汉标准体系。基于"急用先行"的原则，武汉市已开展基础、技术、产品和服务类等标准的相关编制工作。

（1）基础类标准：提供基础性、公共性描述，使标准化涉及的各方在一定时间和空间范围内达到相对一致的理解，促进实景三维数据、产品、信息的融合、共享和使用。基础类标准包括国家标准1项、行业标准2项、地方标准1项，如表3-4所示。

表3-4 基础类标准编制清单

序号	标准名称	标准级别	主/参编
1	地理实体空间身份编码规则	国家标准	参编
2	地理场景数据元数据	行业标准	参编
3	基础地理实体数据元数据	行业标准	主编
4	地理实体数据建库规范 第1部分：地理实体编码规范	地方标准	主编

（2）技术类标准：是为满足实景三维采集生产、处理建库、应用服务等需求，对实景三维建设所采用技术方法、途径等需要协调的事项进行规范统一，以满足连续、重复使用要求的通用性标准。技术类标准包括国家标准1项、行业标准2项、地方标准3项，如表3-5所示。

表3-5 技术类标准编制清单

序号	标准名称	标准级别	主/参编
1	地理实体分类、施测、派生与关系处理技术规范	国家标准	参编
2	1：500 1：1000 1：2000 数字线划图生产地理实体数据技术规程	行业标准	主编
3	基础地理实体分类、粒度及精度基本要求	行业标准	参编
4	地理实体数据建库规范 第2部分：地形图转换地理实体技术规程	地方标准	主编
5	地理实体数据建库规范 第3部分：地理实体信息获取及构建技术规程	地方标准	主编

续表

序号	标准名称	标准级别	主/参编
6	地理实体数据建库规范 第4部分：地理实体数据建库技术规范	地方标准	主编

（3）产品类标准：是实景三维产品生产、使用和维护中需遵守的技术准则、要求方面的专用标准，主要描述实景三维产品的结构、规格、质量等技术指标，以保证产品的规范性。产品类标准包括行业标准2项、中国测绘学会团体标准1项，如表3-6所示。

表3-6 产品类标准编制清单

序号	标准名称	标准级别	主/参编
1	地理场景数据产品规范	行业标准	参编
2	基础地理实体数据成果规范	行业标准	参编
3	视频流全景数据技术要求	团体标准	主编

（4）服务类标准：是实景三维服务对象定义与描述、技术要求与流程、服务运行等方面进行规范的专用标准。服务类标准包括行业标准2项，如表3-7所示。

表3-7 服务类标准编制清单

序号	标准名称	标准级别	主/参编
1	地理实体空间身份编码服务技术规范	行业标准	参编
2	实景三维数据接口及服务发布技术规范	行业标准	参编

3.4.3 典型应用

1. 自然资源综合分析服务

以地理实体为基础，以地理实体编码为唯一标识，挂接融合土地、人口、经济、交通和公共服务设施等数据，面向自然资源评价指标，开展自然资源支持度、土地利用合理度、生态环境健康度、绿色经济发展度、和谐社会推进度、综合交通完善度、公共服务均等化、新型城镇化发展度等8个综合指数的评价分析，并利用时序化的国情监测专题数据，开展动态化的评价分析和更新，如图3-15所示，为武汉市自然资源资产清理和综合评价起到了积极的推动作用，成果已应用于市区自然资源管理部门的服务工作。

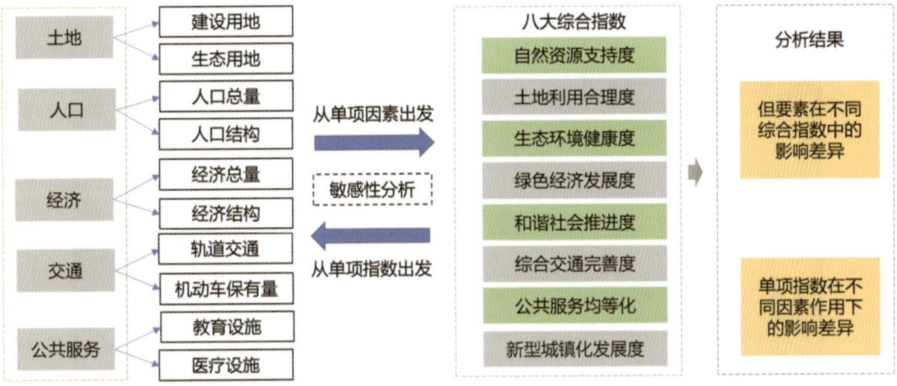

图 3-15 自然资源综合评价成因分析

2. 矿山动态监测

以武汉乌龙泉矿区开采情况动态监测项目为例，针对该矿区超范围超深度开采情况难以直观可视化表达和动态实时监测等问题，基于矿区实景三维的无人机机场动态监测技术手段，搭建无人值守无人机机场调度和控制平台，高频次采集矿区高精度实景三维数据和视频，进行超范围、超深度开采和开采形成的高陡边坡评估，及时对疑似违规开采行为和盗采行为进行预警，如图 3-16 所示，可实现矿区生态环境问题早发现、早治理，及时采取措施，减少对生态环境的破坏和影响。

图 3-16 基于实景三维的乌龙泉矿区动态监测

3. 碳计量服务

结合自然资源本底数据，基于实景三维开展生态修复工程碳效应评价，实现生态修复工程碳储量和碳汇能力的立体精细计量，在三维空间中直观形象地表现各类自然资源的碳汇量，如图 3-17 所示。相关成果已用于江夏区灵山工矿废弃地复垦利用项目，在武汉市生态修复工程中取得了良好的社会效益。

图 3-17　自然资源碳计量平台

4. 城市规划管理

"武汉·三镇中心(汉口饭店)规划"项目地块位于城市两大主干道交汇处,地理位置特殊,周边高层建筑林立,地下管网纵横交错,同时地质构造复杂,地铁线从地块中间横穿。基于地上实景三维和地下地质建模成果,通过地上地下一体化模式,将地块周边建筑、地质构造、地下管网、地铁控制保护线等数据真实、立体、直观地呈现出来,如图 3-18 所示,为审批部门用地和建筑审批业务提供了有力的数据支撑,并形成了常态化的实景三维服务城市规划管理机制。

图 3-18　汉口饭店地块方案设计与审批管理

5. 城市环境治理

采用视频流全景地图和实景三维联动的方式，按季度采集武汉市江汉区全区共192条道路的全景视频流，重点关注道路两侧城市家具、道路路面、广告招牌、植被绿化等的现状，实现城市治理的周期性跟踪管理，有利于锁定各个时期、各个阶段城市环境的发展和变化，如图3-19所示，大大减少了城市管理人力、物力、财力的投入，形成了信息化和数字化管理城市面貌和治理城市环境的模式。

图3-19　江汉区城市环境治理全景视频巡查系统

6. 智慧社区精细化治理

武汉市将实景三维等地理信息技术下沉到基层社区，通过对社区综合整治、管理需求的现状深入调查、走访和研究，搭建了智慧社区"一网统管"应用平台，如图3-20所

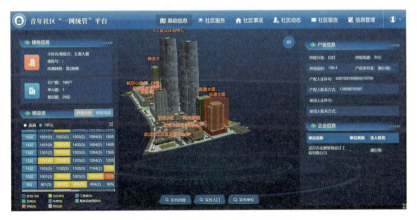

图3-20　青年社区"一网统管"平台

示。平台以社区实景三维为基础数据底座，全面整合社区网格、小区、楼栋、单元、户室、单位、人口等信息，构建了统一的社区管理数据体系，以直观、精准、全面的可视化方式，实现了基于实景三维的社区人、房、地、企业、社区事务整合、管理、查询和分析，并开发了社区各项事务在线办理和留痕存档、社区待办事项提醒、社区动态、社区留言，以及基础信息更新维护等功能，打造了"一套数据底座、一个平台调度、一套处置流程"，实现了社区各项业务的集中管理和统一办理。

7. 城市更新服务

为推动老旧街区的功能完善和品质升级，武汉市江汉区运用实景三维和新型测绘地理信息服务技术，记录老旧小区改造前后的状态，并将改造设计模型叠加展示在实景三维中，为改造全流程提供了准确的数据服务保障。如图3-21所示，通过不同阶段的实景三维数据采集、可视化卷帘与融合，实现了城市更新区域的三维"一张图"，建设标准"一把尺"，项目推进"一个库"，为老旧小区改造顺利推进发挥了重要作用。

图3-21 武汉市教委小区改造更新

8. 智能警务

为提升新形势下警务实战能力和社会治理现代化水平，武汉市将警卫安保工作方案、前端感知数据、警务资源、动态警情预警信息与实景三维进行深度整合，开发了数字孪生智能警务系统，如图3-22所示，实现了从宏观到微观的全方位、一体化展示，形成了安保实景指挥的三维数字沙盘，实现了对警务信息、人流量、重点人员、风险预警、公共交通人流量、舆情信息等多专题的多维度全面监测。构建了警卫安保立体化防控体系，开发了安保要素上图、警力资源上图、动态布控预警、预案上图、预案管理、安保调度、沿线动态管理和移动警务端信息推送等功能，实现了大型活动安全保障智能可视化指挥调度、实战情报和指挥工作的联动响应，以及突发事态的全面感知与辅助综合研判，为警力指挥部署提供了科学的决策依据和技术支撑。

图 3-22 "数字孪生"智能警务平台

9. 灾害风险普查

如图 3-23 所示，在武汉市自然灾害综合风险普查数据协同采集系统建设中，基于实景三维开展灾害点位的三维基础数据底图制作，提供了二三维一体化工作底图，并按实体类别提取、派生普查空间数据，融合地名地址、普查专题信息与时空信息，扩展并挂接派生实体的语义，实现了实体化采集和管理灾害风险点位，提供了统一的普查基础数据，大幅提高了灾害普查工作的质量和效率。

图 3-23 武汉市自然灾害综合风险普查数据协同采集系统

10. 大型活动服务

武汉市以实景三维为数据底座，基于 GIS、大数据、VR 等技术研发了服务开闭幕式组织方案优化调整的"第七届世界军人运动会开闭幕式三维仿真系统",如图3-24所示,对开闭幕式组织方案中的人、地、事、物进行了全要素三维仿真,并以时间轴方式,对现场8万多人、1100多个事项、1000余车辆进行动态推演,实现了开闭幕式组织方案直观可视化与智能评估。基于现场3800多个监控摄像头视频以及安检、票检等实时信息,实现了现场人、地、物、事的全方位实时监控和现场风险识别预警。

图3-24 第七届世界军人运动会开闭幕式三维仿真系统

3.4.4 特色创新

1. 成果创新

(1)地质三维模型。实景三维武汉创新地将地质三维模型纳入产品体系。利用23.6万个地质钻孔资料、16条超1000千米地质剖面,结合DEM,构建了武汉市全市域8569平方千米三维地质结构模型。其中,第四系分全新世、晚更新世、中更新世和早更新世四层,基岩划分从新近系中新世至古元古界,共分为24层。网格剖分100米×100米×1米,模型节点数达5.7亿,总体量超84GB。针对城市规划、场地施工等不同规模的城市建设与管理工作对地质信息的精细度要求不一样的问题,基于地表测绘的相关要求,在二维平面上确定不同比例尺上的多级结合表,以此作为多尺度工程地质建模的分级标准,构建武汉市五级尺度的工程地质三维建模方案,实现模型的多级一体化管理与可视化。

武汉市地质三维模型已在武汉市城市规划与建设、城市治理、地质环境监测等领域取得广泛应用,高效地为不同应用需求提供地质信息服务。例如,在规划审批中,集成现状地下管线、地铁、地质、实景三维和规划控制等数据,辅助地块建设方案设计,实现了复杂项目的全空间测绘保障。在城市治理中,将地质三维数据纳入市政管理主流程，提高了地质数据的利用效率，可辅助相关部门的审批工作。在地质环境监测中，精细刻画武汉市地层结构的三维地质模型，不仅为武汉市城市地质问题研究提供了精准地质数据基础，同时也通过二次开发等方式为综合城市地质问题的模拟分析提供了数据平台。

（2）视频流全景地图。实景三维武汉创新地将视频流全景地图纳入产品体系，形成了一套一体化的视频流全景地图一体化数据采集设备，实现了视频流全景数据和视频拍摄中心点空间轨迹这两类核心数据的采集获取；自主研制了一套视频流全景地图处理软件应用服务系统和成果应用服务系统，融合视频流全景成果数据、语义化信息、轨迹数据，在系统内予以图形化展示，根据应用服务需要提供地图联动、全景漫游、多期对比、模型集成等可视化与交互功能，实现视频流全景地图成果的科学、完整、丰富表达，使其在保证地图基本特性的基础上，满足用户在沉浸式阅览、分析计算、辅助决策等方面的定制化需要。

武汉市视频流全景地图在城市综合治理方面发挥了重要作用。例如，为实现江汉区亮点片区规划设计综合展示需求，落实政务资源整合与统一的综合工作，在含高架、地面路、隧道的17条重要线路及部分主要道路范围内开展双向的标准化视频流全景数据采集和处理，并研制精致江汉城区功能品质提升信息服务平台，切实提升了江汉区全区统筹管理的空间信息化水平。

2. 技术创新

（1）基于DSM的无人机高精度仿地飞行技术。为提高影像匹配成功率及纹理清晰度，开展基于DSM的无人机高精度仿地飞行技术研究，对于精度极高或精细化程度要求高的建筑，采用无人机变高和绕飞倾斜摄影方式，生成高精度实景三维，再融合有人机数据，以保证高低区地物同一影像分辨率和重点区域建模更加精细化。

（2）海量Mesh数据轻量化。通过内容感知的地物简化算法，大量减少冗余三角面，在不改变纹理效果和Mesh结构的前提下，OSGB模型体量减小了60%，实现了上百平方千米实景三维数据的近实时加载，使发布调度的卡顿、闪退等效率问题得到改善，稳定性得到提升。

（3）利用多源数据自动生成LOD1.3单体模型。利用高密度、高精度的LiDAR点云数据，对线划图数据进行三维化改造，生成带有屋顶信息的建筑白模，利用倾斜影像精细纹理贴图，批量快速生成LOD1.3级建筑单体模型，再通过与二维实体空间关联，实现属性信息挂接以满足实体化分析应用需要。

（4）城市级实景三维局部更新。为利用基于日常测绘生产和动态监测业务形成的倾斜Mesh模型成果，快速更新城市级实景三维，研发了城市级实景三维云化生产平台，基于建模过程的参数规范化更新方案，实现了模型原点、网格尺寸、空间参考、坐标投影等模型数据结构的标准统一，再基于格网替换和任意范围线接边融合两种方式，实现了城市级实景三维的快速更新。

3.4.5　经济社会效益

实景三维武汉建设成果为智慧城市建设、自然资源管理、城市更新、城市治理等领域提供了坚实可靠的测绘地理数据支撑，落足应用，形成闭环。武汉实景三维数据叠加三维地质模型数据，实现了地上地下、室内室外、"实景+仿真"以及"历史+现状"的全时空三维数据管理和应用。通过开展多领域、多场景的实景三维实践应用，充分发挥了实景三维强现实、多维度、高精度的优势，有效满足了各行业各部门的地理信息应用需求。

1. 经济效益

实景三维在减少项目成本与提高效率、促进产业发展等方面发挥着不可估量的作用。例如，在项目初期阶段，利用实景三维可以更直观地评估设计方案的可行性，有助于发现潜在的问题和冲突，如管线碰撞、结构不稳定性等，从而提前调整，以减少因设计不合理而导致的后期返工成本；在项目施工阶段，实景三维可以帮助施工团队更精确地估算材料用量，进行施工进度模拟有助于优化施工流程，减少延误带来的额外成本；在项目维护与运营阶段，实景三维作为设施管理的工具，可以帮助管理人员快速定位问题区域，提高维护效率，通过实景三维时序化更新，可以持续反映建筑物的实际状态，以便于长期的资产管理。实景三维广泛应用于城市自然资源、规划管理、建筑设计、生态修复、文化旅游、城市治理、应急保障等多个领域，为各行业提供了可靠实用的数字空间底座。这种跨行业应用促进了不同领域之间的技术和信息融合，形成了多行业协同发展的良好态势，也进一步加大了实景三维的应用需求，从而促进了实景三维建设的技术迭代和产品升级，为形成良好的实景三维应用生态奠定了重要基础。

2. 社会效益

武汉市聚焦自然资源"两支撑、两服务"职责，积极开展城市实景三维建设。在规划管理方面，实景三维能够为城市规划者提供具有立体空间感的视觉信息，有助于在决策过程中更加准确地评估各种方案的影响。在城市治理中，实景三维有助于更加直观地识别潜在的城市问题，并为解决这些问题提供依据。在公共治安管理中，实景三维技术与警务工作信息化技术融合发展，以高分辨率实景三维为基底，结合物联网、云计算、大数据等技术，为警力指挥部署提供科学的决策依据，切实提升了公安部门的安全保障实战效能。此外，在自然资源管理、生态环境修复、城市更新、地灾监测预警等方面也开展了多场景的具体应用，提升了城市治理体系和治理能力现代化水平，产生了良好的社会效益。武汉市的视频流全景地图技术已被宁波市引进，应用于对全市环境、城市面貌的综合整治提升。

3.5 实景三维青岛：山海相依，城岛湾融

3.5.1 建设背景

2021年3月，青岛市积极响应国家战略，率先启动实景三维青岛建设，并结合自然资源部智慧城市时空大数据平台建设试点和国家新型基础测绘试点，历时1年，完成全部建设内容，构建了国内首个山、海、城、岛、湾一体，海陆统筹、全域覆盖的高精度实景三维城市，为智慧青岛提供了统一、权威的时空基底。由院士领衔的专家组认为，实景三维青岛整体达到国内领先水平，为实景三维中国建设提供了"青岛示范"，贡献了"青岛经验"。

为进一步提升地理信息公共服务保障能力，青岛市自然资源和规划局于2021年3月申请将青岛市列为国家智慧城市时空大数据平台建设试点城市，自然资源部办公厅于2021年5月31日复函同意青岛市作为智慧城市时空大数据平台建设试点城市。2022年6月，试点建设工作完成了标准规范建设、时空大数据建设、云平台建设、运行支撑环境建设、智慧应用示范建设等既定目标，通过了自然资源部组织的专家验收。验收组专家一致认为，项目为智慧城市时空大数据平台建设与应用提供了可复制、可推广的经验，具有示范作用。

2021年6月，自然资源部复函山东省人民政府，同意山东作为国家新型基础测绘体系建设试点省份。其中，青岛市重点开展地形级及城市级实景三维地理场景建设、地理实体数据试生产，探索新型基础测绘技术标准、数据生产、管理与平台应用关键技术，构建"空天一体、联动更新、按需服务、开放共享"的城市新型基础测绘模式，为山东试点工作提供"陆海统筹、地上地下一体"的青岛特色经验模式与典型示范应用案例。

3.5.2 建设内容

1. 产品设计

（1）统筹规划，全域实施。坚持全市"一盘棋"，市级统筹全域实景三维数据采集和平台建设。按照"横向到边、纵向到底"的要求，市级统一设计全市域数据采集范围和建设标准，确保市、县标准一致、尺度统一，更好地服务数字城市建设、城乡全域统筹发展。

（2）需求为本，应用导向。充分考虑城市发展和自然资源管理需求，并广泛征求大数据、公安、应急、住建、城管等各部门意见，结合青岛市地域特点，确定项目建设内容、建设范围、技术指标等。

（3）统一平台，开放兼容。综合考虑自然资源信息化，以及面向各部门公共服务的需求，统一搭建基础架构、统一设计功能，同时满足自然资源管理和地理信息公共服务的信息化需求。另外，平台选型考虑面向终端用户时海量三维数据在线服务的能力和效率，以及二次开发接口的开放性、发布服务格式的兼容性，以及国产适配要求等。

2. 数据建设

（1）全市域二维底图。全市域 11000 平方千米二维底图包括政务版、蓝黑版、影像版三版风格，适应不同应用场景，满足当前政务系统主流的二维底图服务需求。

（2）全市域实景三维底图。对全市域 11000 平方千米范围，采用 0.15 米分辨率倾斜摄影方式建设三维模型，真实还原全市域精细地形地貌和建设现状，覆盖全部 800 余千米海岸线、49 个海湾和 7 个有居民海岛，实现了陆海统筹建设，为青岛经济社会高质量发展提供了有力支撑。

（3）重点区域实景三维底图。对青岛市辖的 7 个区 1290 平方千米建成区范围，采用 0.03 米分辨率倾斜摄影方式建设实景三维，对建筑物、道路、部件设施进行精细化、单体化处理。成果高精度复刻青岛城市建设现状，为规划设计、城市管理、社会治理、治安安防等提供精细化场景支撑。

（4）重点山林激光点云底图。利用机载激光雷达获取 16 点/平方米的点云数据，生产山区高精度 DEM 和 DSM，用于植被覆盖体量、郁闭度等林业资源指标的分析计算，支撑森林防灭火、林业资源管理、双碳计量等工作。

（5）基础地理实体数据。参与实施国家新型基础测绘体系建设山东试点工作，探索建立了"陆海兼顾、地上地下一体"的城市基础地理实体分类编码技术体系，形成了地理场景、地上建筑设施、地下空间、水下地形、高精地图等全空间、多尺度基础地理实体成果。

3. 系统建设

建设多维地理信息服务平台，实现全市地理信息公共服务由二维平面向三维立体的跨越。同时，青岛市作为自然资源部智慧城市时空大数据平台建设试点城市，基于多维地理信息服务平台，进一步开发升级为智慧青岛时空大数据平台，为数字化建设提供统一的空间定位框架和分析基础。该平台是全国首个以实景三维模型为主体数据集、基于云原生架构体系的时空信息平台，在海量数据沉浸式协同渲染、国产自主安全可控适配、时空 AI 算力模型构建等方面取得了关键技术突破，形成了智能化、时序化、一体化、国产化的时空大数据平台服务与应用技术体系，科技成果评价整体达到了国内领先水平，荣获 2023 年度中国地理信息产业协会地理信息科技进步一等奖。

平台分为政务版和专网版两个版本，政务版部署在青岛市电子政务外网，作为全市统一的地理信息公共服务平台，是青岛市城市云脑的四大支撑平台之一，为数字青岛提供数字空间底座；专网版部署在自然资源专网，打造形成青岛市国土空间基础信息平台，作为自然资源信息化统一支撑平台，实现现状、规划、管理和社会经济四大类专题数据的集成管理，支撑全市"数智自然资源"建设。

4. 标准建设

依托实景三维青岛建设经验，主编地方标准《实景三维青岛建设技术规范》、团体标准《实景三维 森林防火数据要求》《实景三维 工程规划设计方案辅助论证技术规程》，参编行业标准2项、地方标准1项、团体标准3项，如表3-8所示。

表3-8 技术类标准编制清单

序号	标准名称	标准级别	主/参编
1	实景三维青岛建设技术规范	地方标准	主编
2	实景三维 森林防火数据要求	团体标准	主编
3	实景三维 规划设计方案辅助论证技术规程	团体标准	主编
4	地理空间三维数据格式(G3F)及服务接口规范	团体标准	参编
5	测绘地理信息点云数据压缩编码规范	团体标准	参编
6	视频流全景数据技术要求	团体标准	参编
7	三维地理信息模型数据产品质量检查与验收	行业标准	参编
8	优视摄影测量技术规范	行业标准	参编
9	实景三维山东建设技术规范	地方标准	参编

3.5.3 典型应用

1. 城市规划审批

基于实景三维模型融合城市总体规划和控规要求等信息，构建分级管控体系，为城市轴线关系、立体空间结构和整体风貌提供设计约束和建议。通过三维场景浏览、规划条件可视化等，为方案推敲、设计思路、设计特点以及相关信息的展示提供科学依据和参考(图3-25)，帮助规划人员做出更优方案，为城市规划决策论证提供技术支撑，提升国土空间规划水平，服务城市设计与发展。

图3-25 实景三维辅助规划设计与方案论证(车行视点)

2. 智慧审计

将青岛市审计涉及的总投资数百亿元、地域跨度上百千米、占地面积数十平方千米的近 20 个大型建设项目，浓缩为系统中的 31 个数字化孪生场景。实现三维场景下审计对象的"在线踏勘"与空间量测，如图 3-26 所示。通过构建智慧化审计分析模型，满足了审计人员对各类数据的可视化分析需求，实现了审计现场"外景内移"、联动分析、协同核查，大幅提升了审计监督效能。

图 3-26 实景三维辅助审计项目"在线踏勘"与空间量测

3. 应急保障

为满足市政府总值班室对地理信息应用的需求，通过架设网络专网，构建值班信息资源"三维一张图"，定制开发"青岛市人民政府总值班室实景三维系统"（图 3-27），为值班室常态化值守与预警应急等业务工作提供了重要的支撑。

图 3-27 青岛市人民政府总值班室实景三维系统

基于实景三维青岛,研发了多源数据、多维空间、多终端协同、平战一体化应用的森林防火实景三维立体一张图平台和防汛调度指挥系统,如图3-28、图3-29所示,实现了"动态感知、资源整合、智能分析、辅助决策",为防火防汛资源汇聚、日常管理、应急处置及辅助决策提供了有力的支撑。

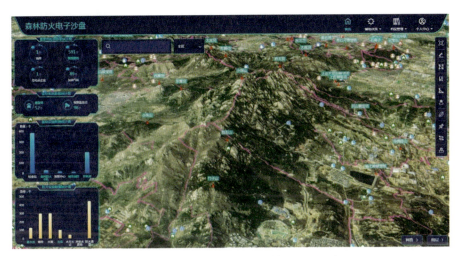

图3-28 森林防火实景三维立体一张图平台

图3-29 防汛调度指挥系统

4. 自然资源信息化建设

基于实景三维数据关联集成总规、详规、专规等数据,打造三维立体空间发展蓝图数字底板(图3-30),全方位展示青岛市未来发展趋势和建设格局,实现了规划数据从静态到动态、从平面到立体的转变,展现效果更加直观生动。

图 3-30　青岛市自然资源规划一张图

5. 透明城市

基于实景三维青岛，建设了全市多尺度三维地质模型和地质信息辅助决策系统、地质信息公共服务系统（图 3-31），率先建立"多网融合、陆海统筹、标准示范、应用导向"的一体化城市地质模型与实景三维集成应用的"青岛模式"，为全国滨海基岩型城市地质调查成果普及提供了可复制、可推广的范例。

图 3-31　青岛透明城市

6. 智慧住建

在"中国-上海合作组织地方经贸合作示范区"核心区建设中，基于高精度实景三维青岛，融合自然资源和规划、BIM、地下空间、物联感知等专题数据，构建了上合示范区 CIM 基础平台（图 3-32），搭建国土空间规划一张图、招商地图、产业地图等多个应用场景，赋能智慧住建全流程。平台实现了规划方案的科学决策、建设工程的精细管理、园区运行的实时监测，探索了智慧园区"规-建-管-运-服-检"一体化模式，成功打造了"能示范、可推广"的 CIM（城市信息模型）平台"青岛方案"，成为全国首个融合住房和城乡建设部、自然资源部标准要求的 CIM 平台。

图 3-32　上合示范区 CIM 基础平台

在市级层面，作为全国"新城建"试点城市，青岛市 CIM 基础平台（图 3-33）在建设过程中，共享应用实景三维青岛的陆域和海岛成果数据，建成了陆海融合的三维数字底板，为工程建设、港口交通运输、海洋防灾减灾、海洋牧场养殖、项目招商引资等领域提供了应用服务。

图 3-33　青岛市 CIM 基础平台

7. 智慧港航

以实景三维和地理实体等新型时空数据要素为基础,以实物资产为单元,通过多源、异构、海量数据要素汇集与精细化多维建模,构建起地上地下、室内室外一体的智慧港口数字孪生底座——PIM(港口信息模型)平台(图 3-34)。该平台串联了港区资源、规划管控、资产运维、工程建设、生产指挥、安全应急等各领域多源动静态信息,打通了港口各业务板块数据通道,实现了数字孪生全要素场景下的资产动态数据实时驱动及全周期作业仿真覆盖,打造了覆盖数字绿色港口规、建、管、运、服、检全生命周期的数字化管理新模式。相关专家高度评价道:"PIM 是一个数字孪生工具,将感知、云计算、大数据等技术与港口业务融合,提高了生产效率和管理水平,青岛港在这方面走在了行业前列。"

图 3-34　青岛市港口信息模型平台

8. 智慧文旅

青岛市文旅局深入贯彻数字青岛建设要求,联合市自然资源和规划局,充分应用实景三维青岛建设成果,通过新技术赋能文旅产业智慧发展。以 2023 年山东省旅发大会在青岛召开为契机,市文旅局提出基于"云游青岛"平台"创新引入实景三维,深化数字文旅应用场景"的工作思路,构建青岛市文旅数字孪生系统(图 3-35),促进数字孪生、实景三维等技术在文旅领域的特色创新。平台集成了实景三维青岛成果,聚焦应用场景,以网页端、桌面端和移动端等形式,面向政府、文旅从业者和游客提供文旅产业可视化及分析决策应用服务。

图 3-35　青岛市文旅数字孪生系统

9. 历史城区保护

通过建立"全、精、准、实"的历史城区数字空间底板,形成数字孪生底座(图 3-36),为文化旅游、科普教育、档案编研等领域的应用创新提供了数字支撑,实现了历史城区的精细化管理和活化利用,以数字赋能推动历史文化保护传承高质量发展。

图 3-36　依托实景三维的历史城区数字孪生

10. 绿色生态城区创建

基于实景三维青岛搭建绿色生态城区实施运营监测评估平台(图 3-37),开展现状和规划实施运营监测评估、绿色低碳本底分析、调查和碳核算,在可持续发展、和谐区域关系、绿色智慧发展方面实现突破,为绿色低碳规划编制及实施等提供支撑,赋能绿色生态城区建设。

图 3-37 基于实景三维的绿色生态城区实施运营监测评估平台

3.5.4 特色创新

1. 技术创新

（1）基于多源数据融合建模的倾斜摄影实景三维品质提升。针对传统双目、多视倾斜摄影影像在城市复杂场景下存在的各类问题，积极研究尝试贴近摄影测量、优视摄影、视频流全景、激光雷达扫描等采集手段进行数据补充采集。研究多源影像匹配方法、视频流全景数据的摄影测量处理模型和密集匹配算法、点云与影像匹配重建算法，实现倾斜摄影大场景、局部多源数据补充的多层级、高精细度的城市实景三维大场景，改善因遮挡、分辨率不统一、影像匹配误差等导致的场景质量问题，切实提高实景三维的表现质量。

（2）实景三维质量控制标准。在广泛调研现行标准的基础上，深入分析实景三维技术路线特点、误差来源及传播规律、成果形式，找出影响质量的关键因素和质检实施关键点，在对自动化成果和人工作业成果构建针对性、差异化质检策略的基础上，构建了面向新型技术背景的实景三维质量控制标准，实现了质检标准和生产技术的统一性。同时，面向超大城市实景三维建设项目的特点和质检需求，提出了"质检前移、全过程无缝融入生产"的"贴身式、服务型"质检模式，实现了伴随式的质量控制，以保障新型技术形势下规模实景三维的过程质量和最终成果质量。此外，还研发了单体化模型相对精度自动检测算法，可以实现单体化模型数学精度的自动统计和质量评价，已获得发明专利一项。

（3）实景三维轻量化处理及衍生产品生产。基于实景三维 Mesh 模型，通过一系列点云优化处理和三维平面拟合技术方法，提取分析实景三维模型中的建筑单体数据，可对三维模型数据量进行大幅压缩简化，进而将场景模型中的单体建筑自动分割提取出来，达到简化和单体化实景三维模型的目的。基于倾斜三维模型数据，研究投影变换、点位立体包围盒生成等方式，在非实地拍摄情况下，快速生成和发布三维场景中指定位置和高度的720°全景影像服务；通过对倾斜网格数据二维网格分块，获取无极比例尺大图片，并通过对二维网格分块后的数据构建索引四叉树，快速生成及调取多视角2.5维影像，实现实景三维的轻量化，达到了方便利用网络浏览器和PC机、手机等客户终端实现快速浏览的目的。

（4）基于云原生的时空大数据平台关键技术。基于云原生架构，赋能新一代Q3D时空大数据平台，形成了综合展示中心Q3D Map、门户中心Q3D Portal、应用仓Q3D House、桌面端Q3D Pro和移动端Q3D Mobile的时空大数据平台技术和产品体系。实现了多源多维海量异构时空大数据的"二三维一体、地上地下一体、室内室外一体、海陆一体"八位一体管理和集成应用，满足了数字青岛对高效稳定地理信息公共服务平台的需求。

（5）适配信创环境的实景三维时空算力中心构建。在信创环境下，构建了山东省首个以地理信息为特色的时空算力中心，为高精度实景三维数据重建、百万级要素数据处理、平台服务运行等应用提供了高性能的分布式存储资源、GPU算力和高效率的算力环境，能够满足大范围实景三维建模、智能遥感AI解译、时空大数据分析、规划仿真等地理信息专业应用，为实现实景三维中国泛在服务提供了行业示范。

2. 应用创新

数字青岛城市云脑建设将Q3D时空大数据平台作为城市云脑的四大支撑平台之一，该平台也是支撑全市实景三维泛在应用的统一平台。截至2024年10月8日，已为青岛市大数据局、市统计局、市住建局、市审批局等40多个政府部门的市CIM基础平台、市灾害风险普查、城市更新系统、城市云脑一体化指挥平台等上百个信息化系统平台提供了基于政务外网的时空信息服务，为市人民政府总值班室、市一体化应急指挥中心、城市更新指挥部、城市管理局、市消防救援支队等7个部门提供了专线服务。应用场景逐步拓展至市政交通规划、建设项目选址规划、地矿核查和修复、城市设计和更新、城市景观展示分析、突发事件应对、数字政府建设、土壤普查、灾害风险普查、以地控税等多个工作领域，成效显著。

3. 制度创新

（1）多人协同的建筑物实体化生产模式与调度系统构建与应用。目前，实景三维项目中实体化及场景精修人工工作量巨大，缺少生产过程的自动化、可视化管理手段和对计算机资源的有效管理，生产效率受限。针对实景三维生产的工序流转，研发支持多人协同作业的建筑物实体化及场景修整生产模式与调度系统，通过主控平台进行生产的协同管理，包括任务分配、作业、质检、可视化、监控、成果可视化，保证多角色协同作业和数据版本管理及回溯，控制项目完成的进度与质量；建立统一数据库和多源数据分布式管理，数据权限级控制（安全），实现数据自动转换和版本管理；有效利用计算机资源，实时监控服务运行情况，监控计算资源提供集群队列权重管理，实现了实景三维数据生产的可视化和流程化，提高了生产效率。

（2）数据更新机制创新。实景三维数据的更新和时序化是维持实景三维数据鲜活度与生命力的重要保证。根据不同层级实景三维产品的特点，确定数据的更新周期，其中地形级实景三维采用定期更新方式，2~3年更新一轮；城市级、部件级实景三维根据需要进行动态更新。按照不同产品、不同变化情况，确定全域更新、局部更新等多种更新方式，并对更新生产方式、接边原则等进行确定。

3.5.5 经济社会效益

1. 经济效益

实景三维青岛成果在推动青岛市新旧动能转化、城市综合发展十五个攻势行动、新基建与工业互联网布局等方面提供了精准支撑，有效支撑了青岛市城市地质调查、青岛市测绘应急保障、上合示范区 CIM 基础平台、青岛市 CIM 基础平台、青岛市历史城区保护更新模块信息采集项目等 20 余个项目，近 3 年的新增销售额、新增利润、新增税收实现了显著增长。

2. 社会效益

通过实景三维与行业应用需求的深度融合，实现了对政府管理决策、自然资源管理、数字经济发展、数字文化建设和数字生态文明建设的广泛深度赋能。被学习强国、《自然资源报》等多家媒体报道 40 余次，特邀在国内会议做报告 10 余次。2022 年，实景三维青岛被列为山东省新旧动能转换重大产业攻关项目。"Q3D 智慧城市时空大数据平台"被青岛市发改委纳入市级生产性服务业资源库，作为青岛市高端服务品牌培育。

3.6 实景三维宁波：云上甬城，整体智治

3.6.1 建设背景

宁波市于 2020 年印发《全市三维实景数据库建设方案》，正式启动实景三维建设。2022 年，宁波市自然资源和规划局联合民政、住建、应急和数据局等五部门印发《宁波市数字孪生空间底座建筑实体数据资源建设实施方案》，历时一年完成全市建筑、院落实体建设。2023 年，全面集成地下市政基础设施普查数据成果，开展三维化建模，推进地上地下数据融通治理。同年，《宁波市城市级实景三维工程建设实施方案》正式获批，市县两级累计投资约 1 亿元，进一步完善全市域实景三维时空数据资源建设、整合和更新工作。截至 2024 年，宁波市数字孪生空间底座已初步建设完成，基本形成"陆地海洋全覆盖、地上地下一体化、室内室外无缝衔接"的城市级实景三维时空基底。计划到 2025 年年底，实现物联感知数据在宁波市数字孪生空间底座上的接入、融通和分析，

推进实景三维宁波泛在服务。

3.6.2 建设内容

1. 数据建设

(1) 地形级实景三维建设。一是数字高程模型和数字表面模型建设。省市统筹开展覆盖全市陆域及主要 (有人) 岛屿 9999 平方千米的 DSM 建设。其中，DEM 为 0.5 米格网、DSM 为 2 米格网。采集全市激光点云数据，城镇开发边界范围内点云密度为 16 点每平方米，城镇开发边界范围外点云密度为 4 点每平方米。二是多源多尺度遥感影像资源汇聚。归集了 20 世纪 60 年代至今 97 批次历史影像，形成超 100TB 数据量的影像资源库，依托自然资源部卫星遥感应用中心宁波分中心，建设"公益+商业"卫星数据汇聚平台，实现卫星遥感"231"覆盖体系，即 2 米公益卫星影像双月覆盖、0.5 米卫星影像季度覆盖、0.2 米航空影像年度覆盖，统筹全市遥感影像采集、处理、分发。

(2) 城市级实景三维建设。一是城市级地理场景建设。生产覆盖全市域优于 0.2 米的地形级实景三维数据，从宏观层面反映宁波山海城整体空间格局；建设优于 0.05 米高精度实景三维模型 4600 平方千米，覆盖全市陆域范围约 47%，其中，建成区内约 1284 平方千米实景三维模型精度优于 0.03 米，整体现势性优于 2023 年。二是城市级基础地理实体建设。建成全市陆域及主要 (有人) 岛屿范围的重要地理实体，全要素城市级基础地理实体数据覆盖范围为城市开发边界内 1122 平方千米，主要利用 1∶2000 比例尺基础地理信息数据，以及国土空间规划、自然资源调查、不动产登记、水利、交通等专题数据转换生成。同时，针对建筑、院落实体，开展时空关联技术研究，实现其与自然资源和规划、经济运行、社会、人口等数据的有机结合，建立空间关联和语义关联。三是城市三维模型 (LOD1.3 级) 建设。建成涵盖栎社机场、雪窦山弥勒圣坛、重要路段沿街建筑等重点建 (构) 筑物，以及覆盖全市 622 平方千米的一般建 (构) 筑物。其中，一般建 (构) 筑物为通用纹理，标志性建 (构) 筑物为真实纹理；并实现其与城市级基础地理实体中相应实体的融合处理、统一编码，形成二三维一体的建 (构) 筑物实体。

(3) 部件级实景三维建设。结合城市精细化管理需要，开展全市地下管网三维数据治理和实体建设，完成全市 6.6 万千米地下管线三维化建模，以及 82 类 390 万个部件模型建设。针对综合管廊、轨道交通、地质结构、重点场所等，开展激光点云数据采集和三维建模，建成包括雪窦山弥勒圣坛、东鼓道等场所地理场景室内外激光点云、近景倾斜影像和全景影像数据，有效支撑三维确权登记、美丽宁波、乡村振兴和全域国土综合整治等领域的应用探索。

(4) 公众版实景三维建设。一是视频流全景地图制作。采用视频传感器采集，通过视频拼接生成全景视频，利用车载专业视频传感器沿道路 360 度采集多视角视频流数据，制作市六区与慈溪、余姚、象山、宁海中心城区的主要道路视频流全景地图，总长度约 1000 千米。二是地名地址三维化。建成全市适用于三维场景可视化的三维地名地址。针对不同视角高度对数据进行分级分类，并依据倾斜实景、建筑实体和道路实体等三维空间单体化信息进行自动化高度赋值和坐标纠正，形成全市标准统一的三维 POI 数据库，优化场景可视效果，解决三维场景中地名地址等标签的遮挡、压盖问题。三是三维楼盘表生成。建成全市二三维一体、空间精准、逻辑统一的楼盘表数据库。基于不动产登记数据、民政地名地址数据、公安人口数据、建筑实体等基础数据，建立房户（幢—层—单元—户）多级数据关联，形成二维楼盘表；依据二维分层分户空间分布逻辑，自动化、参数化构建房户三维立体空间，依托三维空间关联和立体标签技术，形成三维楼盘表。

2. 系统建设

基于实景三维宁波，以地理实体为核心、存量数据梳理为抓手，集成测绘遥感、自然资源、空间规划、社会治理和经济运行 5 大类、260 多个图层、1 亿多条数据的"地上地下、室内室外、动静结合"的二三维时空基底。

采用 CS 架构实现时空数据统一管理工作平台，通过数据资产地图模式实现数据信息的收集和管理，提升数据资源利用率。利用"分布式+云渲染"的架构部署模式，打造三维空间可视化、孪生体可编辑、业务规则可分析计算、实体语义相关联、知识图谱可扩充、数字空间可交互的宁波数字孪生空间底座平台，提供了一体多态、一库多能的应用模式，为国土空间规划、耕地保护、资产清查、生态修复、韧性城市和智能网联等各类应用场景提供了标准化数据供给和数字孪生能力支撑。

3. 标准建设

为统筹推进宁波市实景三维产品一体化、标准化建设，先后制定完善了关于城市级地理实体、Mesh 模型、城市级三维模型（LOD1.3 级）等产品的技术规范，其中重点针对建筑、院落实体的详细技术方案进行设计。

围绕宁波市数字孪生底座建设需求，宁波市自然资源和规划局牵头编制了《宁波市数字孪生空间底座建筑实体数据资源建设技术规程》，明确了全市二三维建筑、院落实体数据分区域分层级的治理工作要求，规定了建筑、院落实体空间数据生产的技术指标，以及标准地名地址、灾害综合风险普查、不动产楼盘表、土地规划与利用现状等信息在建筑实体中的语义关联、属性增补，为全面掌握全市建筑实体的名称、层数、建造年代、权属、结构、用途、使用状况等信息，建成房屋、院落实体"一张图"，提供统一标准规范。

在全面落实国家关于实景三维建设部署要求，充分衔接实景三维浙江建设要求的基础上，结合本地实际情况编制印发《宁波市基础地理实体数据及数据库建设补充规定》，重点对城市级地理实体分类体系进行细化和调整。具体包括：在自然地理实体中新增"地形地貌"一级类 1 个及其展开的二级类 1 个、三级类 5 个；在管理地理实体"国土空间规划单元"一级类中，新增"村庄规划区"二级类 1 个，调整新增"历史文化保护区"二级类 1 个及其展开的三级类 5 个；在管理地理实体"其他管理实体"一级类中，调整新增二级类"宗地""社会治理单元"和"其他管理单元"3 个，及其展开的三级类 11 个。此外，明确了市级重要地理实体的建设内容及其更新要求，推动宁波市各区县在统一的基础地理实体数据建设标准下开展宁波市实景三维工程建设。

3.6.3 典型应用

1. 赋能社会基层治理

为有效解决海曙区基层治理数据供需对接不畅、质量良莠不齐，以及人口底数不清、重点人员状态核实难等问题，宁波市海曙区数据局联合宁波市自然资源规划局及海曙分局采用"共建共用共创"新模式，以实景三维为空间底板，打通地理实体数据与政务数据壁垒，关联汇聚了全区建筑实体、标准地址、自然人、企业信息、视频监控，以及地下管网和地下空间数据，建成区级时空公共数据资源平台，如图3-38所示。

图3-38 海曙区时空公共数据资源平台

该平台创新政、物、空数据标准治理和融通管理体系。围绕人、地、事、物、组织等基层治理核心对象，接入各政务部门重大专题系统及业务数据，并通过基础库迭代更新机制实现数据资源及时修正更新；基于三维楼盘表，实现非空间化数据"孪生上楼"；穿透区、街道、社区、网格、幢、户6个管理层级，刻画区域精细人、企画像，针对重点关注人群、关键业务事项进行精准跟踪管理，有效提升了基层管理效能，为基层治理工作减负增效。

该平台已统一推广贯穿应用于区应急、公安、水利、气象等12个政府部门和17个乡镇街道，支撑区级数字政务和基层治理、罗城复兴规划等8个应用场景，累计用户500余人，在补助发放核验、区数字经济发展和第五次经济普查、拆迁评估、轨道路线和重大建设项目规划等方面发挥了重要支撑作用。相关应用成果获政府网站、行业部门和相关媒体专题报道，并成功入选2024年国家数据局和自然资源部联合评选的实景三维创新应用典型案例。

2. 赋能生态文明建设

围绕洪涝灾害防御和数智治水应用需求，建设智慧水利综合治理平台，重点打造宁波甬江流域数字孪生平台和"甬有碧水"数智治水孪生系统两个应用场景，深度融合实景三维与虚实融合交互技术，共享集成各涉水部门数据，研发"四防"仿真模型，形成了实时感知、水信互联、过程跟踪、智能处理的治水新格局，如图3-39所示。

图 3-39 "甬有碧水·一屏知甬水"数智治水

"甬有碧水·一屏知甬水"场景集成了城市级实景三维数据、重要涉水建(构)筑物和水利设施模型等，精准复刻江、河、湖、库、厂、网等涉水主体，并试点接入水质断面、排水口、实时水质监测等物联感知信息，构建了全链条污染溯源模型，有效提升了水环境分析研判能力，为"精准治水、科学治水、依法治水"提供了技术支撑。

如图3-40所示，宁波甬江流域数字孪生平台重点集成流域内水雨情监测站、工情、

图 3-40 宁波甬江流域数字孪生平台

视频点位等感知监测数据，实时共享气象部门预报成果，针对洪、涝、台、潮四重威胁，构建了流域预报调度一体化专业模型，实现了流域防洪和城市内涝及时准确预报、全面精准预警、同步仿真预演、精细数字预案。在历次防御台风的实战检验中成效显著，为市委市政府流域防洪的联调联控、统一部署、预警预报、调度模拟提供了技术支持，为社会公众提供信息查询和导航避险服务，得到了市委市政府主要领导的高度评价。

3. 赋能城市规划决策

城市风貌"全域协同"虚实融合智慧化管控应用关联集成了调查监测、确权登记、审批管理、国土空间规划等多模态数据，构建基于规划设计方案仿真模型与实景三维虚实融合的管控审查环境，超现实预演规划设计方案落成后对城市、地段、街巷各空间的风貌影响，为详细规划、城市设计及建设工程方案审查前端提供分析基础，支撑对滨水、临山、历史地段等各类环境敏感区和机场净空限制区域、城市夜景美化区域等重要区域的城市风貌严格管控，如图 3-41 所示。

图 3-41　宁波建筑风貌规划管控平台

结合城市风貌规划管控业务特点，研发了地类地物全要素全息查询、城市天际线分析、临水临山风貌敏感区天际线分析、历史文化街区保护范围分析、城市夜景预演等功能，并重点打造了虚实融合三维会商功能，全面革新了传统 PPT 汇报模式，使重要区域、敏感区域的城市风貌管控从二维迈向三维、从平面迈向立体。

截至 2024 年，平台已高效完成宁波市建筑环境与文化艺术委员会和宁波市城市规划委员会办公会议 60 余次三维智慧化规划评审保障任务，并在全市 10 个区（县、市）的方案审查会进行了全面推广应用，使规划管理工作更科学、更合理、更高效，进而全面优化提升了城市品质和城市特色。

4. 赋能自然资源管理

宁波市自然资源和规划局基于实景三维建设成果搭建了自然资源陆海一体智能化监测监管平台，有效支撑自然资源状况全覆盖全要素管理，动态感知市域国土空间态势，实现了自然资源"调查—登记—监督—治理—评价"业务全链条智慧监管，如图3-42、图3-43所示。以"实景三维+"为时空引擎，创新自然资源管理的工作模式，其中，"实景三维+确权登记"可有效解决林业权籍调查指界和海域立体分层管理的难题，"实景三维+资产监督"推动资产监督闭环管理，"实景三维+全域整治"确保全域国土空间综合整治成效不走样、可评估，"实景三维+共富评价"助推共同富裕先行示范区建设，支撑国土空间智慧管控。

图 3-42　宁波自然资源陆海一体智能化监测监管平台（全息查询）

图 3-43　宁波自然资源陆海一体智能化监测监管平台（永农坡度分析）

平台作为全市唯一的自然资源调查监测业务系统，支撑了"市—县—乡"三级自然资源和规划动态监测监管，广泛应用于农业、林业、海洋等 40 个细分行业领域及 18 个政府部门，累计用户超 9000 人，调查成本节约 90%，问题发现和预警响应效率提升 80%，显著提高了实时预警和管控能力。值得一提的是，平台在推动全市一体化不动产权证登记工作方面取得了显著成效，颁发了首本附有三维立体图示的地下商业不动产产权证书，助力全国首单地下商业保险版 CMBS（商业房地产抵押贷款支持证券）融资 8.5 亿元，为宁波市乃至全国的地下空间开发利用提供了有益探索。

3.6.4 特色创新

1. 技术创新

（1）"空间+业务+时序"时空关联技术。基于统一空间编码建立地理实体与自然资源实体、确权登记和不动产实体的空间挂接，并利用标准地名地址，实现经济社会人口信息和城乡建设、交通、能源、水利、农业、民政等行业专题数据的三维化落图治理，进一步建立多源数据的关联融合，为时空数据赋能应用奠定基础。

（2）参数化三维楼盘表快速建模技术。以二维建筑实体和不动产属性信息为主要数据源，结合三维建筑模型自动构建技术、不动产单元分层分户参数化自动分割技术和三维立体空间关联技术，实现三维楼盘表模型快速构建，并完成楼盘表、人口、经济数据的空间挂接，解决传统二维楼盘表立体可读性差、要素重叠、空间范围冲突等问题，为城市精细化治理提供精准空间底数。

（3）海域立体分层单元划分和编码。基于三维立体空间，将海域不动产管理单元在空间上划分为单层使用权宗和多层使用权宗，改进现行编码规则，将地籍区、地籍子区六位代码映射至用海空间层，破解海域地籍管理分层设权的难题，实现立体视角下的"一码管海"，满足城市立体开发和项目用海的动态演变需求。

2. 制度创新

结合实景三维宁波专项建设，不断完善城市级测绘地理信息资源建设和共享管理的体制机制，推动建设全市标准统一、责任明确、动态更新、全周期治理、全过程安全防护的制度规范体系。

（1）统筹建设机制。2020 年，宁波市自然资源和规划局印发《关于加强遥感影像资源库建设提高综合应用能力实施意见》，基于宁波卫星遥感中心，统筹构建"公益+商业"卫星组网协同观测，实现卫星遥感"231"覆盖体系，并全面建立了"多源获取、市级统筹、县（市、区）配套"的全市实景三维统筹建设机制。2023 年，修订《宁波市测绘地理信息管理办法》，明确测绘地理信息相关成果依法依规纳入市一体化智能化公共数据平台统一管理，使用财政资金的测绘地理信息项目以及涉及测绘地理信息的其他项目应当采用市测绘地理信息公共服务平台提供的基础地理信息数据，避免重复测绘。

（2）共建共享机制。2022 年，宁波市自然资源和规划局联合宁波市民政、住建、应急管理和数据局共同印发《宁波市数字孪生空间底座建筑实体数据资源建设实施方案》，推动地理实体协同建设、更新和共享。同期，联合市民政、公安、资规、住建等部门共同建设全市统一标准地名地址库，建立标准地名地址实时动态更新、空间化集成和一体化管理的体制机制，形成纵向贯通、横向协同、跨多部门的"一址通"服务体系。

（3）数据融通机制。以市级重大专项为抓手，逐步整合全市分散于各个行业主管部门和行政辖区的时空数据资源，按照"按需归集、应归尽归"的原则推进基础数据和专题数据的融通，先后完成了全市涉水空间数据、地下管网和地下市政基础设施、轨道交通、既有重要建筑、重大新建工程项目报建模型、重点片区规划，以及部分物联感知监测数据等的空间化汇聚，持续推动各类专题数据与实景三维宁波建设成果在全市数字孪生空间底座上的融合。

（4）数据更新机制。建立了精准高效的数据更新机制。通过《宁波市测绘地理信息管理办法》明确分区分类更新要求，即城镇空间内1∶500、1∶2000国家基本比例尺地形图、地下空间以及地下管线、实景三维数据、地理实体数据实行联动更新；农业空间、生态空间内的1∶2000国家基本比例尺地形图、实景三维数据、地理实体数据实行定期更新。此外，印发《宁波市自然资源和规划全域变化监测工作方案》，统筹测绘地理信息与自然资源调查监测工作中对于变化图斑提取的需求，构建统一变化指引库，及时掌握要素变化信息，衔接测绘、调查监测、国土空间规划等各类成果的技术标准，建立"一次变化监测、联动融合更新"的工作模式，有效提升新型基础测绘产品更新效率和应用水平。

3.6.5 经济社会效益

1. 经济效益

实景三维宁波秉持"边建边用边迭代"的原则。截至2024年，已为宁波市甬江流域数字孪生、甬有碧水、基层社会服务管理综合信息系统、城市安全风险综合监测预警平台等53个数字孪生项目提供了三维空间定位框架和分析基础；同时，也为国土空间规划、生态修复治理、全域综合整治、灾害风险预警等自然资源系统内重点工作提供了坚实保障。实景三维宁波建设从数据、技术、分析和平台等多环节联合发力，在数据生产效能方面，以三维模型快速构建为代表的技术革新使得二三维实体的生产效率大大提升，有效节约了生产成本；在服务效能方面，成果形式的不断丰富、时空关联技术的不断迭代，有力推动了传统测绘地理信息成果从碎片化、单一可视化展示服务向综合性、定制化服务的重大转变。同时，通过全市统筹建设和统一出口，大大减少了财政资金在时空数据采集和三维平台建设方面的重复投入，取得了显著经济效益。

2. 社会效益

通过实景三维宁波建设，初步建成了城市级数字孪生空间底座，实现了城市空间形态客观、唯一、准确的数字化表达，并以典型应用不断驱动测绘地理信息时空数据深度融入数字政府、数字经济、数字民生等各业务领域。实景三维宁波建设成果在保障第六届世界佛教论坛、中东欧博览会等市级重大工作，以及宁波枢纽、甬江科创大走廊等重点工程项目全生命周期管理方面，应用成效显著；在历次台风洪涝和风暴潮等自然灾害应急防御工作中，已逐步成为领导指挥决策不可替代的左膀右臂。随着相关数据和技术成果在市级各部门、各层级行政管理部门的推广应用，宁波市实景三维建设成果受到市级主要领导的关注和认可。后续，实景三维宁波将持续汇聚接入经济社会、行业专题和物联感知数据，打通时空关联链路，为数据要素释放活力提供更多可能性。

3.7 实景三维德清：一图感知，全域数治

3.7.1 建设背景

作为联合国世界地理信息大会永久举办地，德清县以实景三维模型为基础，构建"一图一库一箱+X场景应用"框架，建设了无缝融合的全空间数字孪生底座。该底座由德清县大数据发展管理局、德清县地理信息中心、浙江中海达空间信息技术有限公司以及四川视慧智图空间信息技术有限公司联合打造，通过整合空间信息资源，统一城市公共服务能力，创新构建"空间大脑"智能中枢，推动空间数字化与治理数字化，最终形成集空间数据、工具和应用场景于一体的数字治理生态体系，打造出"一图感知、全数数治"的德清全域数字治理开放平台。

德清全域数字治理开放平台支撑了全县的数字乡村"一张图"、未来乡村、未来社区、地下空间管理、CIM 平台以及数字水利等多部门的数字化治理系统，2022 年入选浙江省"一地创新，全省共享"清单，并在多地得到复制应用，如在重庆渝北区，被应用于违建治理、活动安保和应急指挥等多个数字化改革项目。

3.7.2 建设内容

德清县全域数字治理开放平台提供"一办法、一标准、一平台"，提升了实景三维数据的汇聚、融合和分析能力，并与省域平台协同实现二三维数据的管理可视化。"一办法"涵盖地名和基础数据治理；"一标准"定义数据接入与共享标准；"一平台"基于实景数据构建数字治理组件，如图 3-44 所示。

1. 数据建设

自 2017 年起，德清县在约 35 平方千米的武康主城区开展实景三维数据建设，涵盖单体化模型和地下管网模型。2019 年，建设范围扩展至 930 平方千米，开展地形级实景三维建设，包括 1 米格网的 DEM 和 0.05 米分辨率的 DOM，并按照每季度更新的频率进行 DOM 的持续建设。2020 年，德清县已完成全县范围内的 0.05 米分辨率 Mesh 实景三维模型和分层分户模型，并对物理空间变化显著区域按照每年更新的频率进行 Mesh 实景数据的持续建设。2023 年，德清地理信息小镇建成区 5 平方千米内已完成室内外分

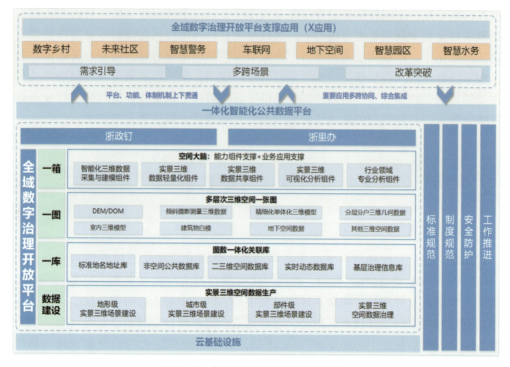

图 3-44 全域数字治理开放平台架构

层模型、地下管网三维模型及地下停车场等部件级实景三维模型的建设。

德清县不同区域多层次、语义化的实景三维建模实现了从宏观到微观、从地上到地下、从粗略到精细的物理空间到数字空间的精准映射,为城市可视化、智能分析、仿真模拟和决策提供了坚实的数据基础,有力地推动了德清县的立体化数字转型。

如图 3-45 所示,在城市级实景三维数据建设中,德清县采用混合建模方式:大范

图 3-45 混合式实景三维场景建设效果

围地形地貌通过 DEM 和 DOM 表达，住房区域则使用 Mesh 实景三维模型；同时，通过颜色调整、水面补充及地形与模型的融合，确保整体色调一致性，模型与地形关系准确表达，从而有效降低了数据生产成本。德清县以数字治理应用为导向，确保三维空间信息与非空间政务信息的双向关联。采用分层分户的数据结构，展示建筑几何外观的同时叠加逻辑单体化数据，实现自动化属性关联。通过属性与几何的分离，简化了数据管理与更新流程，提升了实景三维数据的应用效率与灵活性。

2. 系统建设

德清全域数字治理开放平台围绕"一图一库一箱+X 场景应用"这一核心框架进行建设，以保障数据管理、数据服务、工具组件的全面建设。

(1)构建"一库"。构建了具有关联关系的公共数据库，支持各委办局在使用实景三维成果时管理社会要素信息。集成了全域人口、城市组件及经济社会发展数据，以标准地名地址为核心，实现人、事、地、物、组织等信息的统一关联，深化数据治理能力，满足多样化需求并提供业务解决方案。通过分层分户逻辑，平台实现空间数据的双向关联查询，各委办局可以轻松进行信息查询和分析，显著提升了数据管理效率。

(2)形成"一图"。在"一库"基础上，构建了"县—镇街—村社"级的三维空间数据服务中心，支持不同业务应用对三维空间数据的共享与调用。该中心实现快速地图发布与数据更新，提供统一的服务发布和地图展示，包括二维矢量、三维倾斜摄影、地形影像、BIM 和 IFC 模型等。城市空间数据通过时空对象编码 API 进行交互，以确保信息检索与三维时空对象的关联，从而提升数据服务效率。

(3)丰富"一箱"。梳理各委办局数字治理核心业务通用需求，深化建设通用性、协同性、智能化的组件工具，支撑不同委办局业务场景需求，为空间数字治理提供空间感知、监测判断、分析评价、预测预警、战略管理等能力支撑。总体而言，其包含在五大组件中：智能化三维数据采集与建模组件、实景三维数据轻量化组件、实景三维数据共享组件、实景三维可视化分析组件，以及行业领域专业分析组件。

①智能化三维数据采集与建模组件：如图 3-46 所示，对倾斜摄影测量数据中的三维对象进行标记和语义信息录入，同时以较快的方式进行"人—事—地—物—组织"数据的采集与更新，能支持浏览器端几何数据采集和数据录入，同时支持移动端与浏览器端采集的数据联动，从而满足入户调查和数据更新维护需要。为了更好地与各种泛在数据关联，该系统支持基于既有数据的关键字和空间查询，从而实现多种方式的信息关联。所有采集的数据可以按照 3DTiles 和矢量数据(shp)形式输出。

②实景三维数据轻量化组件：针对海量多模态实景三维数据高效集成难题，综合各类数据特点，面向轻量化三维 GIS 平台的数据优化与处理，以实现各种三维数据的轻量化和标准化处理为目标，支持多源多格式数据，支持几何与纹理数据压缩，减少入库后数据量；支持多种空间剖分，提高数据调度性能，同时具备三维场景预览与优化调整功能，拥有从数据处理、数据预览优化到三维数据生产的完整功能。

图 3-46 智能化三维数据采集与建模组件

③实景三维数据共享组件：针对地理信息数据管理与跨部门融合应用难题，通过跨平台的服务方式面向各委办局提供数据管理、整合和共享的功能，可以无缝聚合多源数据服务。支持海量多源多尺度数据的统一接入及多标准服务发布；支持云端与跨平台部署，多平台数据统一管理；支持场景编辑与分享，方便场景定制与展示；提供矢量数据、模型要素、点位数据、管线数据等数据服务的查询和分析接口，拥有从数据发布、场景创建到服务分享与分析等完整功能。

④实景三维可视化分析组件：满足数字治理应用过程中的真实感可视化展示、流转和分析需求，支持 Unreal Engine、U3D 和国产游戏引擎（粒界科技）以及 WebGL。如图 3-47 所示，该组件实现室内外大范围三维场景的增强可视化与三维空间分析，具备空间量测、分析、场景展示、标绘、查询统计和图层管理等 6 大类 60 余项功能，为提升空间治理效率提供了坚实基础。

图 3-47 UE 版组件可视化效果

⑤行业领域专业分析组件：为了实现"所有应用长在数字孪生底座上"，方便不同业务应用单位根据其行业需求自定义创建应用和深化开发，提供面向 Web 的二次开发包(JS)和面向 UE 的插件(C++和蓝图)，开发接口按照图层管理、分析、特效、事件管理、创建对象类、漫游管理、坐标转换、系统管理以及工具箱 9 个大类进行友好封装，同时提供完备的接口文档和相关示例。

3. 标准建设

为保障德清全域数字治理开放平台数据的鲜活性及应用的统一性，德清县针对该平台的数据更新以及使用等方面制定了相关标准及配套机制。

(1)数据建设与更新机制：建立更新完善、数据及时且有效的数据服务；实现数据共享交换与业务应用同步原则，即以数据为核心，优先完成所有的基础数据服务、业务数据服务的整合与集成，与应用系统开发同步实施数据共享与交换体系的建设，保障业务应用系统对基础数据、业务数据以及远程共享交换数据进行访问的需要。

为促进数据建设与更新机制的完善与优化，实施以下几项工作：全域建设 0.05 米分辨率的高清 DOM 数据，每年 4 期；一次性建设全域 930 平方千米居民区倾斜摄影测量实景三维数据；每年对全域居民区变化明显区域进行数据更新；全域分层分户几何数据建设；人房数据不定期更新。

(2)数据与组件使用制度：如图 3-48 所示，数据的使用遵循《德清县公共数据管理办法》《德清县空间数据管理办法》和《德清县地理信息遥感数据多场景应用管理暂行办法》等文件中对数据管理提出的要求。基于任何用途的数据使用需求都应提交数据使用申请，通过数据使用授权授时，以数据服务链接的形式来实现数据的获取与使用。

图 3-48　数据使用制度

如图 3-49 所示，平台中组件的使用同样遵循标准化、流程化的管理使用机制。根据实际数字治理需求，向管理者提交组件使用申请，通过申请后获取组件使用基础资料，完成组件使用培训，以及获得配套数据的使用授权，然后再进行应用系统的研发，以满足数字治理的需求。

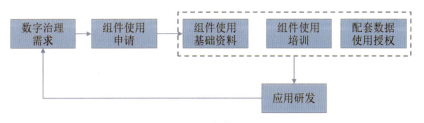

图 3-49　组件使用流程

3.7.3 典型应用

1. 一图全面感知数字乡村

基于全域数字治理开放平台,通过"数字乡村一张图"实现了对德清县全域 930 平方千米,共 169 个乡村/社区的基础数据实景化统一管理。德清"数字乡村一张图"以一图全面感知的全新乡村数字治理模式为核心,依托大数据、人工智能、物联网、倾斜摄影测量、三维 GIS 等新技术,统筹推动自然资源、农业、水利、交通、建设等多部门数据汇聚,整合多规合一、视频监控、基础治理平台,形成"一图一端一中心"的应用支撑体系,涉及的空间数据和公共数据,涵盖了乡村规划、乡村经营、乡村环境、乡村服务和乡村治理 5 个领域,归集了数字养殖、水域监测、危房监测、智慧气象、医疗、健康、智慧养老等 120 余项功能,能够实时感知整个村庄的生产、生活、生态动态详情。

如图 3-50 所示,德清"数字乡村一张图"基于全域数字治理开放平台"一图一库一箱+X 应用"架构体系,实现二维、三维地图服务统一发布;人口、不动产等基础数据同源管理;工单、交互功能等公共组件统建共用,并实现前端村民和后端基层干部之间的交互;基层干部通过网格化巡查发现的事件和村民的诉求,可通过工单管理工具得以落实,从而构建上下协同、多方参与可持续的数据更新维护机制。

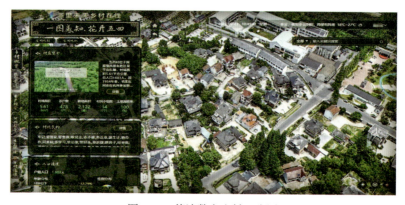

图 3-50　德清数字乡村一张图

德清县"数字乡村一张图"有效探索出一条以实景三维为基础,数字赋能撬动乡村全面振兴的发展新路子。2019 年 12 月,德清县获批成为全省数字乡村试点示范县,并获评第二批全国农村创新创业典型县。2020 年 10 月,以全省第一的成绩入选国家数字乡村试点地区。2021 年 5 月,德清县乡村全域数字化治理体系建设项目入选联合国"践行 2030 可持续发展"优秀范例,"浙江省德清县:'数字乡村一张图'遥感监测助力乡村智治"作为浙江省唯一案例入选《数字乡村建设指南 1.0》。"浙里智惠·基本公共服务"在德清县五四村未来乡村场景中的应用入选浙江省数字化改革第二批最佳应用。2022

年,"数字乡村集成改革"获评 2022 年度浙江省改革突破奖银奖。2023 年 3 月,发布全国首个省级《数字乡村建设规范》。2023 年 5 月,德清县国家数字乡村试点地区终期评估成绩列全国第一。

2. 三生融合未来社区

未来社区作为共同富裕的基本单元,是浙江省建设共同富裕示范区的引领性工程、战略性工程、标志性工程,主打"一统三化九场景"的理念,着力打造共同富裕现代化基本单元和人民幸福美好家园,充分提升人民群众的获得感、幸福感、安全感和认同感。

如图 3-51 所示,德清玉屏未来社区项目依托全域数字治理开放平台的数据和能力组件,覆盖 5 个小区和 1 个地信产业园,一共接入 11 类感知设备,共计 1283 个,为社区建立起立体的感知体系;提供无人药房、无人车快递、无人诊所、智慧餐厅、智慧跑道、多巴胺篮球场等智慧化服务设施。未来社区场景建设分为未来治理、未来邻里、未来教育、未来健康、未来服务五大核心场景,重点建设了一老一小、社区活动、场馆预约、社区治理、积分体系、在线商城等数字化应用,采用"线上+线下"融合的方式为居民提供精细化运营服务。

图 3-51 玉屏未来社区

3. 德清城市智能网联云控平台车道级实景化管理

德清城市智能网联云控平台为德清县率先打造全省自动驾驶和智慧出行示范引领区,立足德清县地理信息产业基础,促进智能网联汽车和地理信息产业融合发展。项目助力德清获批全域城市级自动驾驶与智慧出行示范区。

如图 3-52 所示,子系统无人驾驶 CIM 平台(以下简称"CIM 平台"),接入数字治理开放平台中的德清高分辨率遥感影像,实景三维模型,三维高精地图,精细化管理道路、车道、路口、路侧智能设备及其他城市管理单元与设施设备(楼房、户室、停车场、充电桩等),以支持对无人驾驶道路测试路段环境(车辆速度及行为模式)、车辆行进状态实时接入与可视化,同时支持多期高精地图接入与可视化。

图 3-52 CIM 平台车道级实景化管理

4. 德清县域数字警务一张图

基于实景三维德清,集成该区域各类基础人、地、事、物、情数据,以及静态、动态的警力警情信息数据。通过建立"数字警务一张图",将全县地理信息数据、人口数据、房屋数据、卡口数据等公安大数据关联,形成统一警务研判、部署、调度平台等功能的多维度智慧警务平台,营造大数据驱动下的警务新机制、新模式,提升公安信息化、智能化、现代化水平,推动了公安工作跨越式发展。

如图 3-53 所示,依托全域数字治理开放平台整合现有资源信息,打造三维地图,直观展示德清县现有状态,进一步满足信息共享联动的需求;多维感知,提高基于高频大数据精准动态监测预测预警水平,以及重点人员、实有人口的管控能力。

图 3-53 德清警务一张图

5. 德清县城市地下市政基础设施管理

德清县城市地下市政基础设施管理平台基于实景三维德清，关联融合设施普查数据，建设集约、高效、安全的数据运行网络和安全体系，形成地下市政基础设施的"一库"和"一图"，同时开发完善智慧市政"五应用"，极大地提高了管理精细化和智能化程度。

(1)"一库"：基于德清全域数据治理开放平台，充分利用平台数据归集、数据治理、数据服务能力，形成一套标准化、规范化的地下市政数据成果，实现地下市政信息的统一入口管理，并以此为基础，为业务管理、公共服务、统计分析的数据资源开发提供数据支持。

(2)"一图"：基于全域数字治理开放平台的地形影像服务、倾斜摄影服务、地下管网服务、人防设施服务等，实现地上道路、桥梁、交安设施，地下管网、停车场、人防工程等，全要素二三维一体化监管，形成地下市政"一张图"、隐患"一张图"、设施监测"一张图"。

(3)"五应用"：在"一库"及"一图"基础上，开发完善智慧市政"五应用"，综合指挥智慧大屏、二三维一体化管理应用、运行监测应用、隐患管理应用以及工程管理应用，并在政务服务、综合监管、防灾减灾等实现决策应用，提高城市地下基础市政设施管理水平，助力城市地下市政基础设施建设管理更规范、更精细、更智能，如图3-54所示。

图 3-54　二三维一体化管网综合管理

3.7.4　特色创新

1. 技术创新

(1)地形级与城市级实景三维模型一体化融合构建。针对县域大范围实景三维场景构建周期长、成本高、实施技术难度大的问题，采用 DEM 叠加 DOM 的地形级实景表达广域范围的山水林田湖草等自然风貌区，采用 Mesh 模型表达城市建成区，并通过纹理匀色、几何重构以及地形与模型融合等技术，实现地形级与城市级一体化无缝融合，从而大大降低县域级实景三维场景的构建工作量和建设成本，同时兼顾居民区精细化立体管理与农田区域图斑化管理需求，从而打造县域级实景三维场景构建样板。

（2）空间数据与非空间数据关联的地理实体高效表达。针对连续表面模型，例如 Mesh 面片或点云集合，通过逻辑单体化的模式，实现空间信息与政务信息的双向关联，属性与几何分离便于更新与管理；针对部件级对象通过语义实体化的表达方式，实现多层次语义构建，支持对象互作用分析，从而满足政务数据高频更新与空间数据低动态更新的解耦管理与一体化应用。

（3）地理实体时空信息编码及共享标准。面向实景三维成果数字化应用中政务业务属性关联管理问题，采用分类码-地址码-实体标识码及三维空间描述符进行多模态城市时空信息模型编码，构成几何、位置以及语义的一体化表达的纽带，为对象的语义级检索、提取及共享等用途提供唯一标识。同时，构建地理实体时空信息共享体系，形成空间信息与公共信息的跨部门共享服务标准，从而支撑实景三维建设成果在多跨协同的数字治理应用中落地。

2. 制度创新

（1）统一服务。坚持一个平台统一服务，各数字治理应用必须通过调用平台服务获取空间数据、可视化及工具能力，确保数据服务的一致性。以服务接口的方式统一注册管理，构建统一的接口注册、接口、服务接口访问申请及接口授权服务资源管理流程，建立统一的服务资源管理制度，对上层应用开发提供有力的支持。

（2）协同治理。坚持一个平台协同治理，各数字治理应用必须基于平台开发，通过平台统一屏蔽系统壁垒，达到协同治理。能够保证软件的可维护性，降低应用开发的风险。采用全开放组件式体系结构，允许用户扩展系统功能，并与全域数字治理开放平台的 GIS 服务集成。

（3）统筹更新。各数字治理应用中对空间与非空间数据的更新，必须回流到平台，确保平台数据的时效性，坚持一个平台统筹更新。缩短从信息源发送信息后经过接收、加工、传递、利用的时间间隔，提高平台数据服务的更新效率，时间间隔越短，使用信息越及时，使用程度越高，时效性越强。

3.7.5 经济社会效益

1. 经济效益

集约化打造纵向贯通、横向共建的数据归集能力。提高数据归集治理能力，不断提升数据质量，加强纵向、横向数据协同和治理，形成市—区—镇街数据贯通，行业部门共建共享的数字治理"一张图"，降低数据、资源以及能力组件的重复性开发成本，加强全域数字治理顶层设计，建立统一的数字孪生底座，通过融合多源异构的全空间二三维数据，实现了城市全要素全场景的协同化管理，解决了传统应用场景建设中基础数据与平台的重复建设和投资问题。

2. 社会效益

建设完善的共建共享一体化数据资源体系，构建公共数据基础域、共享域和开放域，搭建全要素二三维数据管理的基础框架和统一标准，为各局委办应用提供基础地理信息场景服务，支撑各类场景应用。创新构建"空间大脑"数字治理组件库。形成全县地上下、室内外实景三维空间数据汇聚、服务共享以及三维可视化等系列智能化工具，建立共建共享、高效利用的数字治理公共组件库，建成"一地创新、全省复用"的应用支撑体系。

3.8 实景三维常州：一网统管，赋能城市治理

3.8.1 建设背景

近年来，常州市数字政府、数字经济和数字社会发展进入"快车道"，着力加强城市运行"一网统管"能力建设。《常州市城市运行"一网统管"工作三年行动计划（2022—2024年）》中明确，以实景三维为代表的空间地理信息数据是城市运行"一网统管"建设的基础底座。

2021—2022年，常州市开展了实景三维常州数据建设一期、二期试点，编制了《实景三维常州建设大纲》《实景三维常州数据建设技术规程》《实景三维常州数据提交标准》等技术文件，完成了地形级、城市级、部件级示范区实景三维模型建设，并进行了属性挂接、身份编码和对象语义化，在技术路线和应用层面进行探索，为实景三维常州建设提供全面技术支撑和指导。

2023年，常州市作为江苏省内首个开展全域实景三维建设的城市，为实景三维江苏建设提供了"常州样板"，贡献了"常州经验"。常州市自然资源和规划局、常州市大数据管理中心、常州市城市运行管理中心联合发布的《常州市"一网统管"城市运行一张图三维数据建设方案》，提出通过市县协同方式，分阶段统筹推进常州市"一网统管"城市运行一张图三维数据建设。实景三维常州建设启动会审议通过了《实景三维常州建设实施方案（2023—2025年）》，标志着全域覆盖、多级协同的实景三维常州建设进入快车道。

实景三维常州面向自然资源管理和城市运行"一网统管"双重需求，依托常州市国土空间基础信息平台和"常治慧"数智平台，打造市级高度统筹、区县协同共建、跨部门深度应用模式。2024年8月，"面向城市运行'一网统管'的实景三维常州示范应用"成功入选自然资源部、国家数据局联合发布的2024年实景三维数据赋能高质量发展创新应用典型案例。

3.8.2 建设内容

实景三维常州建设于2024年10月基本建设完成，建立了覆盖全域4372平方千米的多尺度高精度三维模型，汇聚407万标准地址信息，精准治理全市570多万常住人口、220多万栋房屋、80多万家市场主体数据，融合管理对象的空间、权属及业务属性，实时接入物联感知数据，实现了人、地、楼、房、企等城市要素的有机关联，建成城市运行"一网统管"时空数字底座。

1. 数据建设

（1）地形级实景三维建设。通过航空摄影方式，获取了重点区域1121平方千米地面分辨率优于0.03米、其他区域3251平方千米地面分辨率优于0.05米的倾斜影像，采集了全市域4372平方千米密度优于16点/平方米的LiDAR点云数据，生产了全市城镇开发边界和重点区域0.05米TDOM、其他区域0.1米DOM，制作全市域2米格网DEM、DSM。

（2）城市级实景三维建设。基于全市域航空摄影成果，开展重点区域0.03米分辨率、其他区域0.05米的倾斜摄影三维模型生产和修饰。基于常州市全域覆盖的1∶500、1∶1000大比例尺地形图以及三调数据、天地图数据、不动产登记发证数据，开展916平方千米的城镇开发边界范围内基础地理实体转换生产，构建空间关系、类属关系等语义关系。开展基础地理实体三维图元建设，包括全市域LOD1.3级、城镇开发边界范围内LOD2级、重点区域500平方千米LOD3级三维模型以及历史文化街区LOD4级建筑物模型，并实现三维图元与二维图元、地理实体挂接关联。

（3）部件级实景三维建设。结合常州历史文化名城保护和"长三角文旅中轴"建设，选取常州市历史文化街区青果巷，开展了部件级实景三维在历史古建、古街等方面的应用示范。融合倾斜模型、仿真模型、激光点云、历史古建平立剖图、BIM等多源数据，全方位呈现盛宣怀故居、周有光故居等古建筑的建筑布局、建筑形制、结构体系、构件尺寸、材质纹理等信息，对文物古建进行了更精细、更立体、更全面的精准还原，形成了高精度的实景三维空间数据底板。

（4）实景三维数据库建设。按照江苏省自然资源厅统一的建库规范，基于常州市"1+7"（1个市级总库、7个区级分库）市县协同框架体系，开展了实景三维常州数据库（地理场景分库、地理实体分库、元数据分库）及管理信息系统建设。地理场景数据分库存储和管理DEM、DSM、DOM、TDOM、三维模型、激光点云等地形级和城市级地理场景数据，基础地理实体数据分库存储二维或三维形式表达的基础地理实体数据，元数据库存储常州市各类城市级实景三维数据成果的元数据。

2. 系统建设

依托常州市城市运行"一网统管"超融合平台，建立了二三维一体化的"常治慧"数智平台，如图3-55所示，构建了全市统一的时空框架。平台发布了多层级实景三维服务，接入了城市运行态势感知数据，融合了城市管理的多要素、多业务数据，满足城市治理、社会治理、经济治理、安全治理等多跨场景需求。通过对数据的汇聚、浏览、管理、分析和应用，强化二三维空间地理数据的赋能作用，支撑城市管理基层应用，有效助力智慧城市建设。

图 3-55 "常治慧"数智平台

3.8.3 典型应用

1. 城市规划设计

"两湖"创新区建设是常州市委、市政府把握发展大势、着眼城市未来作出的重大战略决策部署。定制"两湖"创新区实景三维场景（图 3-56），接入规划、现状等数据，可全方位展示两湖创新区区域规划情况以及空间结构、产业配套分布，从总体规划与主题定位角度对两湖创新区以及中央活力区、国际智造区、融合创新区、未来科创区、水乡绿苑区等规划分区的现状与未来进行展示及推演。

图 3-56 "两湖创新区"城市规划设计

2. "人、房、地、企"精细化治理

以地理实体为核心，以空间编码为纽带，建立房屋实体与人口、企业数据的空间联接，"一图呈现"户室级的建筑、不动产、人口、企业等业务信息，如图3-57所示。打造立体化社会治理新模式，动态管理老、幼、病、残等重点人群，为社会治理工作减负增效，有力支撑了社会治理。

图3-57 "人、房、地、企"精细化治理

3. 三维地籍立体化管理

以优化营商环境和便民利民为出发点，基于实景三维常州建设成果，立足现有地籍管理、不动产登记等信息化基础，完善扩展部门间信息共享集成，采用试点先行、全域推广的模式，实现"三维地籍查询""三维不动产登记"，如图3-58所示。该模式提升了登记业务智能化、立体化管理水平，为不动产登记业务全程网上办理提供支撑，为企业和群众办事提供便捷和高效的服务。

图3-58 三维地籍立体化管理

4. 低效用地再开发

常州作为自然资源部低效用地再开发试点城市，正在大力深化"危污乱散低"治理工作，促进土地集约利用和产业转型升级。利用实景三维、遥感等数字化、信息化技术手段，对低效用地资源进行可视化研判，统一管理地块相关的空间信息、属性信息及附件材料，如图 3-59 所示。可重点研判低效及存量用地分布、规模、风貌等要素，为低效用地的高效、精准再开发提供数据支持和决策支持，提升土地利用效率和土地价值，促进城市可持续发展和生态文明建设。

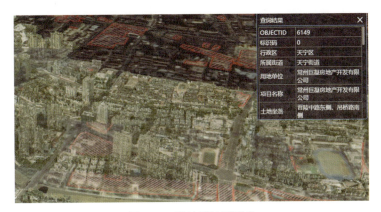

图 3-59　低效用地再开发

5. 历史文化保护

针对省级文物保护单位盛宣怀故居的数字化保护需求，基于实景三维模型融合 BIM 模型及其数字模拟拆解结果，从故居简介、历史记忆、规划管控、孪生古建、云上漫游几个维度对盛宣怀故居进行场景定制，如图 3-60 所示，全方位精准还原和增强可视化展示，可实现过去可追溯、未来可预期的愿景，助力文物古建的监测管理、科学保护与

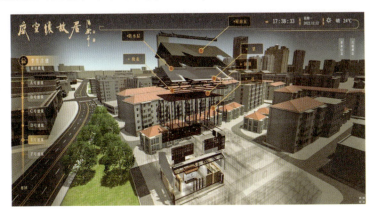

图 3-60　盛宣怀故居历史文化保护

利用，为文物古迹的保护和传承提供信息化手段。

6. 智慧人才公寓

基于实景三维常州数据成果建立了人才公寓数字孪生模型，搭建了全市人才公寓智慧管理服务平台，如图 3-61 所示，可实现对租房、租户、设备、监控、通行、预警等信息的智能化管理。通过社会多元参与、入住人才自治、社区服务保障、多方赋能增效等有效方式，打造常州特色的人才公寓治理样板。

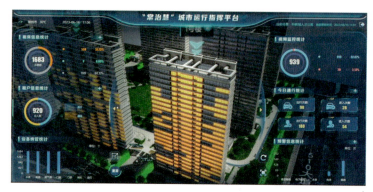

图 3-61　智慧人才公寓

7. 教育资源前瞻性预警

构建常州教育资源"一张图、一中心、一平台"，如图 3-62 所示。建立了基于实景三维常州的义务教育招生预警模型，根据人口跨区域流动、产业汇聚和发展趋势，智能模拟学区划分并进行预测预警，动态输出学校规划、布局调整方案，实现教育资源的开发利用和共建共享，满足常州市教育资源学位分析、学位预警、可视化对三维时空信息的智能化需求，为教育资源管理提供及时有效的支撑。

图 3-62　教育资源前瞻性预警

8. 智慧公园

基于实景三维建设成果，集成动态监测等物联感知数据，建设智慧公园驾驶舱，如图 3-63 所示，关联调度视频监控、车辆、人员等公园日常养护巡查业务，以及各类传感器资源，实时监测水质、噪音、建筑形变等情况，全面掌握公园综合运营状况，实现公园的智慧管理、智慧监测、智能预警，为公园管理提供了更加精细化、智能化、科学化的管理手段，提升了公园的应急管理能力。

图 3-63　智慧公园驾驶舱

9. 数字高架

打造数字高架智能管理应用，采集并制作城市高架路网及其附属设施 3 大类、22 小类部件级三维模型，融合智能头盔、形变监测仪等物联感知设备，构建指标模型算法，实时获取预警信息与分析研判，远程应急指挥调度。针对高架上重要桥梁，动态接入形变、应力、水质、噪音等传感器数据，实时关联各类视频监控，如图 3-64 所示，

图 3-64　数字高架

支持智能预警和监测指挥,为高架、桥梁安全评估提供了科学依据与技术支撑,有效提升了城市安全治理水平。

10. "厂中厂"安全治理

基于实景三维常州建设成果,研发了"厂中厂"实景三维应用,为"厂中厂"专项整治工作提供数据基础。基于工业园区地理实体(包括企业地块、厂中厂企业、企业围墙、企业点,以及相关的消防设施空间数据),形成"厂中厂"风险企业三维分布图,如图 3-65 所示,开发文本搜索、空间查询、统计分析、火灾预警、三维空间分析等功能模块,进一步优化经济发展空间布局,为政府决策提供依据。

图 3-65 "厂中厂"安全治理

3.8.4 特色创新

1. 技术创新

常州建立了全域地形级、城市级、部件级实景三维数据体系,动态串联城市运行"一网统管"语义数据,创新地理实景产品,充分发挥时空信息数据要素价值,打造了全域统一的时空数字底座,为政府决策提质增效。

(1)时空融合,数智化生产。采用空地协同方式采集全域多视角航空影像、高密度激光点云等多模态时空数据,通过分布式集群和协同生产模式,实现常州市全域倾斜摄影三维模型、DOM 等多尺度地理场景智能化采集、自动化处理、网络化服务。整合地形图、天地图、不动产登记、国土空间变更调查等多源数据,抽取语义化信息,构建知识图谱,实现多尺度地理实体构建,以宏观、中观和微观尺度融合搭建地上下、室内外、二三维一体的全域统一时空数字底座,实现物理世界与数字空间的多层次映射。

(2)时空连接,实体化管理。构建"一标多实"的多层级地名地址信息模型,以地理实体为单位和索引,串联全市 407 万标准地址、570 万常住人口、170 万栋建筑、80 万市场实体等城市运行"一网统管"语义数据,动态接入物联感知数据,关联融合地理场景,创新地理实景产品。以全生命周期管理模式打造实景三维数据库,实现纵向上地形级、城市级、部件级多尺度实景三维数据关联，横向上地理实体、地理场景、地理实景数据融合的实体化管理。

（3）时空计算，知识化服务。依托常州市城市运行指挥平台，基于实景三维常州集成时空信息、数字孪生、大数据以及人工智能等技术，搭建面向区县分级分类输出的数据中台、技术中台、应用中台服务。截至 2024 年 6 月，已接入 94 亿条数据、调用 1278 万次接口、搭建 100 多个应用场景，实现对海量时空数据的高效存储、处理、分析与计算，建立地理实体与自然、社会、经济、人文等信息的关联和知识化表达，为城市运行监测、态势感知、指挥调度、决策分析等提供时空感知、时空预测等多元化知识服务。

2. 制度创新

实景三维常州建设，通过部、省、市、县四级联动，打造高度统筹、协同共建、跨部门深度应用的创新模式，为常州市社会经济高质量发展赋能助力。

（1）统筹布局、高位推动。在江苏省自然资源厅指导下，经常州市人民政府同意，由常州市自然资源和规划局、常州市大数据管理中心、常州市城市运行管理中心三家联合，出台《实景三维常州建设实施方案》，率先在江苏省内启动全市域实景三维建设。按照"市县协同、标准统一、分布存储、共享应用"建设目标，统一全市实景三维建设的数据标准、实体表达、成果要求、工作时点。从机制建设、数据提升，到支撑环境、应用场景，均形成了上下良性互动、点面同向发力、内外同频共振良好局面。

（2）全域覆盖、分级实施。建立覆盖常州全域 4372 平方千米的多尺度、高精度倾斜三维模型，构建 1013 平方千米基础地理实体数据库。坚持"市县协同、边建边用"的建设原则，常州市级开展顶层设计、统筹规划，负责全市数据标准建设、航空摄影、数据库建立、平台建设维护等工作；市辖（区）负责开展倾斜三维模型的数据采集与更新、基础地理实体的转换与建设等工作。通过政策机制、关键技术、建设内容的连续贯通，打造全域覆盖、市县协同、分级实施的实景三维常州建设体系。

（3）部门协同、动态更新。围绕常州市城市运行"一网统管"多跨场景应用需求，基于实景三维建设成果，以地理实体为链条、实体编码为核心，与公安、住建、城管等 20 多个部门建立跨部门协作，汇聚人口、企业、地址、自然地理、空间规划等多条线职能部门业务数据，驱动地理实体数据更新，探索时序化更新策略和更新机制。通过重点工程建设项目范围、遥感影像变化图斑、"多测合一"等信息，明确变化区域更新原则，建立时序化采集更新方法，形成重点变化区域的时序化实景三维更新数据，确保数据时效性与准确性。

3.8.5 经济社会效益

1. 经济效益

实景三维常州建立了覆盖全域 4372 平方千米的多尺度高精度三维模型，汇聚 407

万标准地址信息，精准治理全市 570 多万常住人口、220 多万栋房屋、80 多万家市场主体等数据，融合管理对象的空间、权属及业务属性，实时接入物联感知数据，实现了人、地、楼、房、企等城市要素的有机关联，建成城市运行"一网统管"时空数字底座。截至 2024 年 6 月，已完成 94 亿条数据接入、1278 万次接口调用、100 多个应用场景搭建。

实景三维常州建设集中管理和整合了各部委办局大量时空数据资源、业务系统，避免了重复建设，为 60 多个政府部门节省建设经费至少 3000 万元，助力政府数字化转型与升级，提升城市运行效能，重塑立体化的社会治理模式。

2. 社会效益

面向城市运行"一网统管"的实景三维常州建设，不仅为数字孪生城市构筑数字底座，更为新基建提供完整、高精准的时空数据，让数字空间与现实空间实时关联互通，助推数字产业化、产业数字化和数字经济的发展，提升城市数字化、立体化、精细化治理水平，赋能经济社会高质量发展。以支撑低效用地再开发为例，构建用地评价模型，助力城市低效空间的实景化识别、精准化评估和智能化调整，高效破解存量空间优化难题。赋能城市治理，以服务历史文化资源保护为例，打造古建筑的空间结构、建筑要素等信息在历史、现状、未来的三维空间，助力文物古迹的保护和传承。赋能社会治理，以推动教育资源前瞻性预警规划为例，根据住宅交付、人口流动和产业分布，模拟学区划分，进行预测预警，动态输出学位规划方案，辅助政府决策。赋能安全治理，以赋能城市基础设施安全管理为例，建立公园、道路等部件级三维模型，在线监测形变、位移、应力等情况，支持智能预警和监测指挥，提升城市安全治理水平。

3.9 实景三维烟台：仙境海岸，鲜美烟台

3.9.1 建设背景

烟台地处山东半岛东部，濒临黄海、渤海，是全国首批沿海开放城市，具有较好的数字三维城市建设和应用基础。主要历经三个建设时期：2004 年，以手工建模的方式开始了数字三维烟台建设，完成市辖区范围约 800 平方千米内的建筑、道路、设施等三维模型的构建，结合地形、地理空间框架等数据，建设了数字三维烟台原型，为实景三维烟台建设和应用奠定了良好基础；2018 年，随着智慧烟台时空大数据与云平台建设项目的落地，烟台市尝试基于倾斜摄影技术，开展实景三维模型的获取和制作，完成了市辖区约 850 平方千米优于 0.05 米分辨率倾斜影像三维建模，为实景三维模型构建、更新与应用积累了经验；2021 年起，烟台市统筹实景三维中国、新型基础测绘、新型智慧城市、"新城建"等建设任务，对城市空间信息服务体系进行整体规划，全力打造全市统一的城市时空信息底座。

3.9.2 建设内容

基于国家、省级实景三维建设框架，突出烟台市"山耸城中、城随山转、海围城绕、城岛相映"的城市三维空间布局特色，统一规划、分步推进实景三维烟台建设，建设内容主要包括数据生产、物联感知数据接入与融合能力建设、数据库系统与应用环境建设等内容。

1. 地形级实景三维建设

面向不同应用需求，采用多种技术路线构建地形级地理场景。基于省级共享的 2 米格网 DEM 及 0.2 米分辨率 DOM，搭建了全域地形级地理场景；采用倾斜摄影技术，完成烟台市陆域及近海主要岛屿 1.4 万平方千米优于 0.1 米分辨率倾斜航空影像获取，制作倾斜摄影三维模型、TDOM，制作一版 0.1 米分辨率地形级地理场景数据。

2. 城市级实景三维建设

以各区市城镇开发边界作为城市级地理场景建设工作责任边界，全市共划定工作责任区域 1428.09 平方千米，制作优于计划 0.05 米分辨率倾斜摄影三维模型、DOM，基于该成果和已有基础地理信息成果开展了城市级基础地理实体生产，城区部分重点区域开展了精细程度优于 LOD3 级别的三维地理实体数据生产，如图 3-66 所示。

图 3-66　城市级实景三维模型——烟台山

基于已有基础地理信息资料进行了城市级二维形式表达的基础地理实体数据转换生产，并基于最新的地理场景数据进行了数据采集更新。面向应用需求，合理确定建设粒度，采集制作政区、自然保护区、森林防火山系、规划管理、地籍管理等管理单元实体，以及山、河、湖、院落、建筑、道路等人工实体，支撑森林防灭火、规划管理、不动产登记等多个应用场景。开展了城市三维模型白模数据生产，融合公安、社会治理、不动产登记等多套地址数据,支撑多部门的三维应用场景。

3. 部件级实景三维建设

如图 3-67 所示,部件级实景三维模型用于满足特定的个性化需求。烟台市综合考虑"新城建"试点城市的标准要求,选取试点区域开展了部件级实景三维的建设工作,包括过街天桥、售货亭、治安岗亭、报刊亭、垃圾桶、装饰照明灯、道路照明灯等要素,为城市智慧化运营管理平台提供支撑。

图 3-67　部件级实景三维模型

如图 3-68 所示,结合中心城区城市地下管网二维数据,采用自动化建模技术,生产了包括供水、排水、燃气、电力、热力、通信等三维管线模型,根据管线管点属性信息实现管道、接头及管井的参数化三维建模,创建城市地下管网模型,确保二维管网和三维管网无缝衔接,并与地上模型、DOM、地形图等配套 GIS 数据相吻合。在同一三维

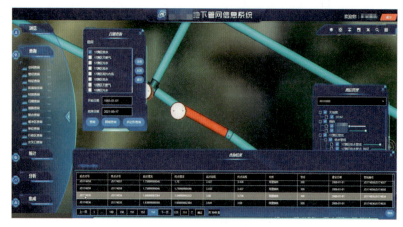

图 3-68　城市地下管网三维模型

场景内，同时显示地下三维管网模型以及该区域的地上三维景观，实现精准匹配。通过构建三维模式下的管网拓扑关系，支撑三维场景下的爆管分析、开挖分析、覆土埋深分析、淹没分析等。

采用复杂地质体"半自动-交互-自动"建模技术，以钻孔、地质图、DEM 及剖面为基础数据，构建了烟台市城市规划区约 1077 平方千米范围三维可视化地质模型，实现了地质结构的"透明化"，模型平面控制精度约为 2 千米×2 千米，纵向控制精度为地表至地下 100 米，拓展深度为 –100 米标高。模型数据库涵盖标准化地质、水文地质、工程地质钻孔共计 3956 孔，地质剖面约 2100 千米，实现了对地质信息的管理、更新维护、检索查询、分析评价及三维地质模型的展示与分析，如图 3-69 所示。为国土空间规划、重大项目建设提供重要基础资料，为推动绿色低碳高质量发展、城市应急供水、市政建设、轨道交通、公共服务体系等相关规划提供了数据和技术支撑。

图 3-69 城市三维地质模型

4. 实景三维服务平台建设

烟台市围绕城市大规模倾斜摄影与三维建模、地理信息数据动态更新、按需智能化云服务平台研发、示范应用推广模式等方面开展相关研究与探索。在已有地理信息公共服务平台基础上，面向自主可控建设要求，聚焦海量复杂时空信息高可靠存储、大规模计算和强负载应用的需求，基于微服务思想，以容器为部署载体，融合虚拟化、分布式、弹性计算、人工智能、跨平台、二三维一体化等技术，开展了平台升级工作。三维服务平台支持分布式混合多态的时空数据存储与管理，可扩展性、可移植性强。平台汇聚了全市域卫星遥感影像、实景三维、城市地质模型、国土调查、规划管控、自然资源管理等几十余项二三维数据，形成了地上地下、陆海相连、全市统一的二三维空间数据资源体系。支持时空信息的在线管理、空间计算、可视化和智慧化服务，时空数据运营与共享服务能力、国土空间治理现代化支撑能力得以提升。三维平台已服务于城市规划建设与管理、自然资源调查与监测、应急防灾减灾等各个方面，实现了对上数据汇交、对内支撑管理、对外共享服务，支撑了自然资源监管决策、自然资源调查监测评价、"互联网+自然资源政务服务"等。

3.9.3 典型应用

1. 土地收储管理

实景三维烟台突破二维信息表现的束缚，实现了自然资源各要素从静态到动态的直观展示，为土地收储管理提供多层次的数据信息，实现了土地收储全周期精细化、智慧化管理。

(1)"云"上"读"地。基于实景三维烟台成果，极大优化了土地收储业务模式，由传统的外业实地踏勘，升级为网上"云"踏勘。开展现况调查评估时，通过实景三维成果，从多维度立体直观地展示拟收储地块局部情况，有效避免了现场踏勘受地形、建筑遮挡导致的视域范围受限问题。工作人员通过真实的空间关系，系统地获取地块周边配套、区位优势等全局性信息。通过融合使用国土空间规划、水源地保护规划、文物保护规划等各类空间管控数据，借用三维服务平台提供的高效空间计算工具，实现目标地块的一键式合规性分析。

(2)"云"上"估"地。在土地评估与分析方面，实景三维模型的使用极大地提高了土地现状评估效率。借助基础地理实体数据，准确提取地块内房屋类别、占地面积、建筑面积、层数、年代等属性，构建建筑面积分类测算模型，实现目标区域总建筑体量的快速预估；依托不动产登记数据、人口大数据等，快速估算目标区域有证房产总量、涉及拆迁人员总量等；结合控规数据、周边房地产成交价格等，快速预估收储成本、预期收益等，从而为土地管理的定量分析提供支撑。

基于该应用模式，烟台市已完成对地铁南站等十几个片区的综合评估工作，有效提升了工作人员对目标地块研判的科学性，在实现土地资源精准开发利用方面意义重大。

2. 森林防灭火

如图 3-70 所示，为解决森林防灭火过程中地形不清、火点不明、多部门难协同等

图 3-70 森林防火监测分析一体化系统

问题，烟台市基于实景三维烟台建设成果，建设了森林防火监测分析一体化平台，构建了涵盖森林火灾预防、日常督察巡管、火情预警、应急指挥的数据支撑和信息化保障体系，实现了用实景三维赋能森林防灭火工作智慧化。

(1)立体直观的三维电子沙盘。基于全域1.4万平方千米0.1米分辨率实景三维模型，建设了三维电子沙盘。生产了森林防火山系单元实体，山体、水系、湖体等自然实体数据，构建了森林防灭火场景应用基础。依托三维电子沙盘，建立了防灭火数据动态更新机制，各级自然资源、林业、应急、消防等部门在线采集、协同作业。已累计采集防火通道9530千米，实现了对路宽、路面硬化等信息的精准掌握；采集行进路线3869千米，并按照通行条件进行分类；采集水源地4466个，标注蓄水量、是否可用于直升机取水等信息。建成了包含停机坪、物资储备库等23类要素的森林防灭火"一张图"，精准掌握全市防灭火资源，支撑防火救灾工作。

(2)三位一体的防火监测体系。依托三维电子沙盘，接入全市935路高点监控，实时查看可见光和热成像画面，通过图像识别和人工智能技术提供全天候的火情监测和报警；采用卫星遥感技术，接收监测到的可疑火情，调用实时视频进行核实确认；结合无人机自动巡航，建成了完备的森林防火监测体系，发现火情及时预警。

(3)三级联动的巡查巡检系统。依托三维电子沙盘，采集了3251个防火卡口的精确坐标，在所有防火卡口张贴二维码，对进出人员精准管控；按照路径和区域等条件分配巡查任务、满足督查组日常防火检查工作，发现问题通过拍照、视频等方式上报，并对高发频发的隐患点进行统计通报，实现全流程闭环管理。

(4)空地协同的作战指挥平台。建立了市、县、乡多层级纵向联动，自然资源、应急、消防多部门横向协同森林防灭火立体化指挥体系。火情发生时，可分析周边水源地、防火物资等资源，调度直升机到就近可用的水源地取水灭火；使用无人机将火点回传至电子沙盘，快速精确定位，查看现场实时画面，指挥人员可结合防火通道、行进路线、坡度坡向等综合研判，调度人员、部署作战。

森林防火监测分析一体化平台已经在全市自然资源、应急、消防系统的50多家单位开展了应用，取得了显著成效，对于已发火情，均实现了早发现、准定位、快处置。立体可视化指挥体系在实战中得到了检验，在全市多起火情的现场处置过程中发挥了重要作用。平台还有效支撑了应急、自然资源、林业等部门的日常防灭火演练，为各部门的协同指挥提供了作战平台。该应用场景作为典型案例，获山东省自然资源厅第二届"数遥杯"自然资源数字赋能创新应用大赛一等奖和"实景三维山东十佳创新应用场景"奖项。

3. 智慧社区

社区是城市的"细胞"，是创建城市现代化治理体系的最小单元。如图3-71所示，依托实景三维烟台搭建智慧社区三维可视化系统，在立体空间上整合党建、重点群体、房产、人员等各类信息资源，为社区群众提供政务、商务、安防及生活互助等多种便捷服务，提升社区智慧化水平。

图 3-71　智慧社区三维实景一张图

(1)社区三维场景搭建。通过倾斜摄影技术，搭建基于现实世界的建筑、道路、植被及其他地表等场景，同时，基于倾斜摄影模型+建筑白模，构建社区分层分户模型，兼具视觉真实、自由交互等要素，使空间更加智慧。

(2)社区三维网格化建设。结合网格化管理工作，基于社区三维场景，按照"不重叠交叉、小区和企事业单位自成网格"的原则，以相对集中区域居民为一个网格基准，将社区管理网格单元进行可视化，构建起边界清晰、纵横有致的三维网格体系，实现网格内人、地、事、物、情、组织等全要素信息的常态化管理与服务，以及人、房精细化管理。基于空间的社区管理模式与以往表格式管理相比较，为社区百姓、物业服务方、政府管理方提供了一种全新的生活及服务体验。

(3)社区全要素三维集成。全面采集社区人口、房屋、商服、物联网基础设备设施等社区全量、全要素信息，并集成关联至社区实景三维中的每一户，实现小区房屋产权、人员分布、物联网设备设施分布等情况的全面把握和更直观的展示。

智慧社区三维可视化系统的建立，实现了标准化的数据安全汇聚、可靠共享，构建了规范统一、动态更新、权威发布的基层政务数据资源管理体系，这些数据涵盖社区的人口、地理、法人、教育、公共事业等。该系统极大地减轻了社区工作者的任务量，实现了数据一键导出和导入功能，真正做到了为社区工作者"减负"，提高了社区管理工作效率。

4. 矿山监管

烟台是矿业大市，矿产资源类多量大，围绕露天矿山开发保护需要，构建了矿山实景三维监管可视化应用系统(图 3-72)，通过聚焦露天矿产资源开发保护、矿山资源监测监管领域等方面的精细化治理，赋能矿产资源智能监测，提升矿产资源监测监管和治理能力。系统以二三维一体化展示分析底座为框架，融合矿区实景三维模型、矿区 DSM

数据与采矿权立体范围数据等二三维空间数据成果，通过采矿权范围与实景三维模型的叠加比对，对自定义范围内的超范围开采和超层开采行为进行在线识别和实时分析，支持人机交互模式下的影像解译和越界图斑分析，形成矿山违法开采线索。面向矿山资源开发利用，通过多期立体卫星数据DSM比对，动态掌握露天矿山开挖、回填修复的空间位置，通过多时相三维模型分屏对比，及时跟进矿山开采现场进展。

图 3-72　矿山实景三维监管可视化应用系统

3.9.4　特色创新

1. 地上地下一体化模型构建和应用

（1）地上空间模型构建技术创新。针对不同的城市复杂场景、充分考虑有人直升机的作业效率和无人机的灵活性，采用不同的作业方式进行实景三维数据生产。针对地形级实景三维，使用直升机搭载高分辨率航摄仪的方式获取摄区倾斜影像数据，进行烟台市全域实景三维建设。针对城市级实景三维，通过航拍路线优化，采用有人直升机搭载倾斜航摄仪为主、无人机携全景相机为辅，配合高精度PPK、陀螺增稳仪等，利用空地一体、贴近摄影测量等，按需采用不同组合航摄获取多角度影像数据，进行城市级大范围、高分辨率、多角度三维立体场景影像快速采集，提升数据获取效率和质量。在实景三维建设过程中引入人工智能深度学习重建算法，解决多时段阴影重叠、模型拉花、低视角纹理缺失等技术难题。通过搭建智能化处理集群和监控平台，大幅提升了多源、多视角影像自动建模效率。

对重点区域实景三维模型进行结构修饰，并通过自动化映射及纹理贴图完成场景纹理贴图制作，包括主要道路的所有车辆及残影、路面拉花、阴影错乱、护栏、道路标志及斑马线修饰，两侧行道树修饰，人行道纹理结构修饰，道路两侧临街建筑门头、大门结构纹理及门前设施、车辆错乱修饰等，构建重点区域精细化实景三维模型。以实景三维模型数据为本底数据，对重点区域主次干道两侧包括路灯、通信塔、公交站亭、交通护栏、交通标志牌、道路指示牌、道路信息显示屏、监控电子眼、交通信号灯等重要城市部件进行部件级三维实体建模。

（2）地下空间模型构建和应用创新。地下空间模型直观反映各类地下人工建筑以及自然地质环境的空间位置与分布情况。融合钻孔、地质图、DEM 及剖面等多源异质数据，创新复杂地质体"半自动-交互-自动"建模技术，实现了烟台市城市规划区地质结构的"透明化"表达。同时，针对烟台市地下矿产资源丰富的特征，结合矿产勘测和开采相关资料，同步构建建立地下矿产资源模型、采空区模型等。在地下空间三维模型应用方面，在传统三维地质信息模型建设和管理技术基础上，提出了基于全球网格剖分的三维地质信息模型构建方法，研发了面向大规模 GIM 模型生成、存储管理、分析应用和可视化等关键技术。

（3）地上地下三维模型一体化融合。建立二三维一体化的数据管理模型，将 GIS 与倾斜摄影数据、激光点云数据、BIM 数据等不同来源三维数据无缝衔接，满足地上地下空间的三维模型有机融合。

2. 动态更新维护机制

随着新基建、城市更新、数据要素等工作的深化，时空数据的采集、生产与更新的需求更加个性化，渠道更加多元化，数权分置更加精细化，亟待建立和完善与数据要素政策发展相适应的时空数据协同的动态更新机制。烟台市基于已有的网格化管理机制，建成了管理网格化、内容更新灵活化、变化发现智能化、更新手段多元化、更新周期适时化的全套数据更新工艺流程和技术解决方案。完善了基于 AI 的遥感影像动态解译、互联网数据萃取、业务数据推送以及网格员巡查核实的全流程动态更新模式。通过变化动态发现，进行变化区域动态更新，在基于倾斜摄影的框架数据动态更新机制基础上形成了实景三维成果动态更新维护机制。

3.9.5 经济社会效益

1. 经济效益

实景三维烟台采用微服务架构建设了市县一体化的三维服务平台，提供了通用性和标准化的服务接口，支持多级协同和数据共享，破解了实景三维模型建设主体主管部门不一、投入机制不一、数据共享不足的问题，有效促进了基础地理信息资源的共享利用，避免了重复性建设，减少了政府的建设成本。

2. 社会效益

实景三维烟台建设，立足于服务城市规划、资源管理、环境保护和应急响应等核心需求，充分发挥实景三维技术的优势，推动了多领域的业务创新。通过高精度三维模型的构建和多源数据的深度融合，在土地收储、森林防灭火、智慧社区建设等方面实现了精准管理和高效运作。在土地收储管理中，通过"云上读地"和"云上估地"的创新应用模式，优化了业务流程，提高了土地资源利用效率；在森林防灭火领域，构建了全面的防火监测体系，显著提升了应急响应能力和指挥效能；在智慧社区建设中，通过三维可视化系统的集成应用，实现了管理网格内人、地、事、物、情、组织等全要素信息的常态化管理与服务，极大地提升了社区治理精细化和精准化水平。

3.10 实景三维黄山：好山好水好黄山，古风古韵古徽州

3.10.1 建设背景

2018 年，黄山市开展了智慧黄山时空信息平台的试点，项目建设全程坚持系统观念、问题导向、守正创新和共建共享、边建边用、以用促建，汇聚了近 20 年来的涵盖基础时空、自然资源、公共专题、实时感知 4 大类 1493 项全市基础地理信息数据，构建了自然与构筑景观相结合的黄山时空信息基础框架。为了深化探索三维应用场景，自然资源部于 2019 年开始在黄山市开展三维调查登记试点，建成了全市域自然资源和不动产三维调查登记数据库，开发了自然资源和不动产三维调查登记系统，建设了一套可复制、可推广的自然资源和不动产三维立体调查登记技术路线和方法。

2021 年至 2022 年，自然资源部新型基础测绘和实景三维新的标准体系出台后，黄山市根据《安徽省实景三维中国建设实施方案（2023—2025 年）》工作部署，结合黄山的基础和实际，制定了《黄山市实景三维中国建设实施方案（2023—2025 年）》，到 2025 年，实现重点区域优于 0.1 米分辨率 DOM 的更新；0.02 米分辨率的城市级实景三维覆盖黄山市建成区范围；以中心城区为试点，完成部件级实景三维黄山建设，探索部件级实景三维在地籍管理等领域的智慧化应用。

将实景三维作为自然资源数字化治理能力提升的重要抓手，坚持系统观念，把智慧黄山、三维调查登记等成果全部融入市级国土空间基础信息平台，同时开发自然资源业务审批系统，与自然资源管理深度融合，创建了"一码管地"体系，构建了全生命周期地籍数据库，建成了实时更新的实景三维"一张图"。

3.10.2 建设内容

1. 数据建设

（1）地形级实景三维建设。黄山市建成覆盖全市域 9678 平方千米的 DEM 和 DSM。黄山市实现 2 米格网 DEM、30 米格网 DSM 全市域覆盖；优于 1 米分辨率、0.5 米分辨率 DOM 全市域覆盖，优于 0.2 米分辨率 DOM 覆盖中心城区规划区、城镇规划区等重点区域，覆盖度近 50%。实现优于 1 米分辨率 DOM 半年自主全市域更新，基于年度基础测绘数据实现 0.5 米全市域、优于 0.2 米重点区域 DOM 年度更新。

(2)城市级实景三维建设。城市级实景三维数据涵盖中心城区、全市 5A 景点、重要地灾隐患点数据,中心城区基础地理实体数据、720 全景和街景数据,以及地下管线地理实体数据。黄山风景区、横江、汉水等自然资源地理实体的制作和建模,包含 4175 宗国有建设用地使用权宗地地理实体、9718 个自然幢地理实体、10184 宗宅基地使用权宗地地理实体、21339 个农村自然幢地理实体,实现了三维数据与登记信息一体化。

(3)部件级实景三维建设。建设中心城区宗地、自然幢、户等不动产地理实体,建成 175026 户地理实体。为了支持文物保护,利用激光扫描测量系统获取重点文物的高精度点云数据和全景照片,利用结构化建模方法建设了 8 处古建筑,并根据应用需求,建设了 152 个地下国有建设用地使用权宗地地理实体。

2. 系统建设

如图 3-73 所示,基于国土空间基础信息平台,建设实景三维平台,在实现三维自然资源"一张图"数据分布式统一管理的基础上,为自然资源政务服务、调查监测评价、监管决策等应用以及与各政府部门应用系统的协同提供支撑。黄山市国土空间基础信息平台包含一张图、资源中心、应用中心等 9 个模块,实现了各类自然资源业务数据的二三维一体化浏览,图属档一体化查询,可定制空间分析以及各类专题分析。

图 3-73 黄山市国土空间基础信息平台展示

3. 标准编制

编制了安徽省地方标准《自然资源和不动产三维立体调查登记规范》,对自然资源和不动产三维立体调查登记的技术指标、准备工作、三维立体调查、实体构建、审核登记、成果归档等进行了明确,这是我国首个省级自然资源和不动产三维立体调查登记地方推荐性标准,将有助于全省形成统一、标准、规范的立体调查方法、成果,推动调查登记工作由二维向三维的转型升级。

3.10.3 典型应用

1. 三维不动产登记

如图 3-74 所示，黄山市三维不动产登记管理系统是自然资源部批准三维不动产登记领域全国唯一试点。项目以实景三维数据为基础，开展了三维自然资源和不动产调查登记关键技术研究及应用，突破了基于倾斜模型的房屋轮廓线自动提取与单体化技术、多模态产权体数据存储、大场景下高效加载与应用表达技术等关键技术，构建了自然资源三维立体"一张图"，建设了一套可复制推广的自然资源和不动产三维立体调查登记技术方法，实现了自然资源和不动产登记业务的有效衔接及地上地表地下空间的三维应用管理，形成了一套完整的三维立体调查登记模式，为黄山市在自然资源和不动产确权登记、国土空间规划、生态环境保护与修复、农村房地一体调查登记、工程建设项目全流程业务审批管理等领域提供了有效支撑，目前已在黄山市数据局、政法委、公安局等 28 个部门共享应用。

图 3-74　黄山市三维不动产登记管理系统

2. 城市规划

基于实景三维黄山，实现规划管控全过程三维化、立体化。如图 3-75 所示，在规划编制阶段，将实景三维模型与城市设计研究、规划模型成果结合，进行日照、透视、天际线等三维分析，辅助规划编制；在规划审核阶段，将实景三维模型与用地、规划建筑模型相结合，实现建筑高度、建筑间距、配套设施、容积率、绿地率等规划控制指标空间化、立体化展示，辅助领导、专家实现三维场景下的审核。在规划公示阶段，在原有文字、图片、表格等公示材料的基础上，创新增加规划视频成果，方便公众通过互联网直观地了解规划前后对比，分析规划建筑与周边已有建筑的关系和对周边环境的影响，获取社会公众反馈意见，提高了规划编制质量。在规划实施阶段，通过更新实景三维数据，直观了解规划的实施成效，实现了全过程三维化、立体化规划管理。

图3-75　三维建筑规划管控

3. 土地供应

基于智慧黄山时空信息平台搭建了黄山市"土地供应计划一张图"（图3-76），通过将中心城区年度拟出让地块加载到三维地图场景中，方便企业和群众宏观地了解每个地块的区位、交通以及周边配套设施信息，详细了解地块面积、用地性质、出让时间等信息，解决了以往只有文字和表格描述造成的不形象、不直观的问题。

图3-76　土地供应计划一张图

4. 地质灾害预警

黄山市地质环境复杂，是安徽省地质灾害高发易发区，独特的小气候导致短时强降雨无明显规律可循，地质灾害预报预警有一定的局限性，地质灾害防范工作任务十分艰巨。为及时、准确、有针对性地发布预警信息，黄山市创新开展了地质灾害实时定向预警研究工作，研发了黄山市地质灾害智能监测预警平台，如图 3-77 所示，通过人工智能手段有效提升了地质灾害预警精细化、智能化和科学化水平。平台利用 2 米格网的黄山市 DEM 数据，基于坡向均一性，将全市划分为 73625 个斜坡单元，融入土地利用规划、宅基地分布以及重要基础设施分布等情况，充分考虑复杂的地质背景和地理情况，经统计分析后，将斜坡单元归并至以乡镇为预警单元。以往大范围预警、大范围部署、大范围转移的局面不再重现，使得政府能够集中有限的防灾力量，靶向精准防灾。底图采用地形级实景三维底图，采用高精度的 DOM 数据作为地理底图，可以直观地看到黄山市地形地貌、城镇分布等情况。

图 3-77 三维单站点视场

平台叠加了全市 92 处重要地质灾害隐患点的厘米级倾斜摄影模型，修订后与地形重合，点击灾害点图标，即可进入倾斜摄影模型，三维展示地质灾害隐患点全貌和重要信息，在模型上标明滑坡方向、裂缝位置、监测点位、应急预案和避险路线等信息，并针对重点受威胁房屋实行单体建模，为抢险救援决策部署提供三维场景支撑。同时，平台引入了实时降雨情况，在首页以及灾害点上实时显示，以气象数据实时共享为基础，创新使用了 10 分钟降雨量，将原来以 24 小时为一个预警频次的地质灾害气象风险预警，提升为每 10 分钟通过黄山市地质灾害人工智能预警模型自动计算一次预警，在一定程度上解决了黄山市小气候频发、短时强降雨无明显规律可循的特点。三维界面的开发，让工作人员既看得见山、望得见水，也记得住灾害点，为地灾防治工作提供了良好的基础。

黄山市地质灾害智能监测预警平台充分发挥"大数据"作用，全程追踪降雨走势"小气候"，结合群测群防"土办法"，强力打通预警信息传递"最后一千米"，有效推动了黄山市防灾手段由群测群防向人防和技防并举的群专结合的转变。在 2024 年 6 月下旬黄山汛期，地质灾害智能监测预警平台集成全市高分辨率 DOM、地形级实景三维和重要地灾点的倾斜摄影模型，为应急指挥中心提供了二三维一体的指挥救灾一张图，平台及时预警、提前转移，有效避免了因灾伤亡，在防汛救灾中发挥了重要作用。

5. 统一确权登记

如图 3-78 所示，黄山市积极探索三维水流地理实体构建，先后开展了横江、汊水河自然资源统一确权登记和实景三维新安江建设，弥补了水流自然资源三维调查登记的空缺，通过构建自然资源三维立体"一张图"，为其他信息在三维空间和时间交织构成的四维环境中提供时空基底，实现了基于统一时空基础下的规划、布局、分析和决策。通过自然资源统一确权登记，划定了横江、汊水河自然资源登记单元。采用"三维实景模型判读指界、实地补充调查"的方式，实现了"四个划清"划清登记单元内各类自然资源资产的所有权主体，即划清全民所有和集体所有之间的边界；划清全民所有、不同层级政府行使所有权之间的边界；划清不同集体所有者的边界；划清不同类型自然资源之间的边界。利用测深仪、无人船等技术手段，全野外采集获取水下地形数据，建立了水资源的三维立体模型。利用三维实景模型和 DEM 数据，将登记单元的界址界线、各类自然资源边界，在三维自然资源数据管理系统中完成二维数据到三维数据的转换，全面、准确、直观地反映水流自然资源三维立体空间分布特性和水流、湿地、森林、草原、荒地等自然资源类型界线，查清了登记单元内自然资源的类型、数量等三维自然资源状况，建立了水流自然资源三维调查登记新模式。

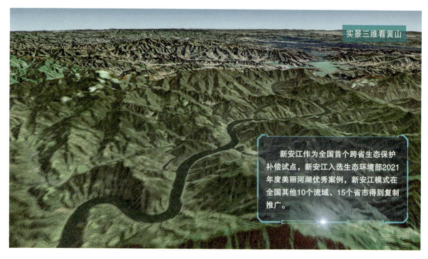

图 3-78 实景三维黄山新安江

6. 服务智慧文旅

（1）风景区综合管理。如图 3-79 所示，利用实景三维成果精确呈现旅游区域的地形地貌，帮助旅游规划者进行地形分析、坡度分析、水文分析等，为旅游线路设计、景区布局规划提供科学依据。同时，三维立体画面改变了二维图纸抽象、难懂的现状，切实辅助领导决策。

图 3-79　黟县风景区治理一张图

通过实景三维模型展示旅游区域的文化、历史、生态等方面的知识，可以更加直观、生动地普及旅游知识，提高公众对旅游的认识和兴趣。将文化元素与旅游场景深度融合，打造具有地方特色的文化旅游产品。如图 3-80 所示，通过虚拟游览、文化展示等方式，让游客在游览过程中深入了解当地的历史文化、民俗风情等，促进文化产业的传播和发展。

图 3-80　实景三维黄山宏村

（2）旅游规划和管理。如图 3-81 所示，基于实景三维黄山，不仅展示了自然景观、城市风貌，同时生产制作的黄山市古建筑以及中心城区地下银街激光点云数据，能更精细化展现每一幢楼宇，包括地下停车场、地下餐饮布局等，真正实现地上下、室内外、水上下的全空间布局。旅游主管部门可以有效利用获取的地理信息数据构建综合服务平台，实时洞察旅游景点的人流情况、车辆情况等，提高管理能力。

图 3-81　实景三维展示黄山三大主峰

（3）旅游资源数字化保护与传承。采集了 8000 多栋徽派古建筑的基本信息，对重要古建筑进行了 BIM 建模。作为全省首个徽派建筑数据库，有效记录了这些徽派古建筑的基础信息及所蕴含的社会、文化、艺术、科学技术等信息，对于徽派古建筑保护、利用、管理、科研，复原等有着不可替代的作用。

3.10.4　特色创新

实景三维黄山建成了统一的时空信息"一张底板"，搭建了云支撑环境，开展了智慧应用，建立了长效机制，为经济社会发展和履行自然资源"两统一"管理职责提供了坚实的保障和支撑。

1. 应用创新

将实景三维数据融入自然资源"一张图"，将时空信息平台接入国土空间基础信息平台，再造自然资源管理业务流程，创新性地将地籍调查嵌入业务流程，建立地籍调查贯穿工程建设项目全流程"一码管地"新体系，助力构建新时代地籍工作新机制，支撑国土空间规划、用途管制、生态修复、确权登记等核心职责履行，提升了自然资源治理水平。

2. 更新机制

黄山市全面履行不动产测绘的管理职责，按照"一张图管到底，一张表用到底"的原则构建不动产测绘管理机制，制定了《黄山市不动产测绘成果共享服务实施意见》。通过向社会发布通告，明确从 2019 年 9 月 1 日起，正式实施"多测合一、成果共享"，按照"登记导向、统一标准、数据入库、成果共享"的原则，对未发生变化的客观标的物只测一次。实现对"多测合一"项目测绘成果数据的格式转换，并将数据成果纳入基础地理信息数据更新体系，确保系统的持续可用性。

3.10.5 经济社会效益

1. 经济效益

实景三维黄山建设推动各类应用向三维立体化转变，形成了满足黄山市自然资源管理和智慧城市建设所需的二三维一体、城市农村一体、虚实结合、数据鲜活的时空数据资源。基于平台开发的黄山市地质灾害智能监测预警平台，将预警时段由 24 小时降为 10 分钟，大幅提高工作效率，降低防灾成本，提升预警时效。截至 2024 年 9 月，平台已经为数据局、公安局等 26 个部门的 47 个应用系统提供了 168 项服务，服务访问量已达 7500 多万次，线下为 72 部门和单位提供了数据交换 170 次，提供数据量达到 7.64TB。节约财政建设资金约 3 亿元，每年节约运维成本 9600 万元。

2. 社会效益

实景三维黄山建设为黄山市经济社会发展和履行自然资源"两统一"管理职责构建了一套权威、统一的时空基底。基于平台开发的新安江水质自动监测数据管理平台，实现了环境监测数据和信息的有效传输及展示，为生态环境污染防治和预测预警提供及时准确的技术支撑。2022 年 12 月，在黄山举行第七次"1+6"圆桌对话会，黄山市公安局警卫支队利用实景三维黄山数据快速制定安保方案，为黄山市构建国际会客厅提供了时空信息支撑。黄山市城市大脑成功入围 2020 年度世界智慧城市"治理与服务"大奖，先后获得省测绘地理信息科技进步一等奖、2024 地理信息产业优秀工程金奖。

3.11 实景三维沈阳：时空赋能，数智治理

3.11.1 建设背景

辽宁省自然资源厅于 2023 年印发了《实景三维辽宁建设实施方案（2023—2025年）》，统筹推进实景三维辽宁建设，明确要求各地市开展实景三维建设。沈阳市在《沈阳市数字政府建设总体规划（2023—2025 年）》中提出，打造数字孪生城市，推动沈阳市全空间、三维立体、高精度的城市实景三维数据，建设全市统一的地理信息基础支撑平台。

沈阳市勘察测绘研究院有限公司作为沈阳市国资委下属公司，通过自主先行投入的

形式，开展实景三维沈阳建设，打造沈阳市二三维一体化的时空数据底座，增强测绘地理信息公共服务能力，持续提供精细度更高、时效性更强、质量更好、内容更翔实、方式更便捷的地理信息数据服务，助力沈阳数字政府建设稳步推进。

3.11.2 建设内容

1. 数据建设

（1）地形级实景三维建设。以航空摄影方式为主，于 2022 年完成了沈阳市全域 12860 平方千米范围分辨率优于 0.2 米的 DOM 制作；基于机载激光雷达技术，获取了沈阳市全域优于 4 点/平方米 LiDAR 点云数据，制作了全市域 1 米格网 DEM 和 DSM，构建了覆盖沈阳市全域范围的地形级实景三维，真实还原全市地形地貌和建设现状，以满足城市建设、国土空间规划、自然资源调查监测、自然资源政务服务等自然资源管理需要。

（2）城市级实景三维建设。从 2019—2021 年，历时 3 年完成了沈阳市四环范围内约 1455 平方千米区域地面分辨率优于 0.05 米的实景三维建模工作，如图 3-82 所示。为保证数据的现势性，从 2022 年起，开始沈阳市城市级实景三维数据更新工作。通过以遥感影像变化解译结果为基础，结合城市重点项目建设范围确定最终的更新变化区域，采用小范围无人机和大范围直升机相结合的方式进行更新工作。随着行业应用的不断深入发展，其成果在国土空间规划、生态保护与修复、公安应急处置、城市风貌管理、文物古迹保护等方面发挥了越来越重要的作用。

图 3-82　沈阳市城市级实景三维模型成果示意图

（3）道路部件级实景三维建设。面向城市道路设施普查、交通管理、精细化管理等需求，利用车载移动测量系统，获取城市道路以及周边地物的高精度点云数据和全景照片,利用结构化建模方法,构建道路部件三维模型,包括道路、标牌、标线、附属设施等全要素类型,如图 3-83、图 3-84 所示。2024 年,已完成沈阳市三环内的主干路和快速路约 851 千米的道路部件级实景三维数据建设,实现城市道路及附属设施部件高效、高质量采集生产,精准、便捷服务于城市道路部件的精细化和规范化治理。

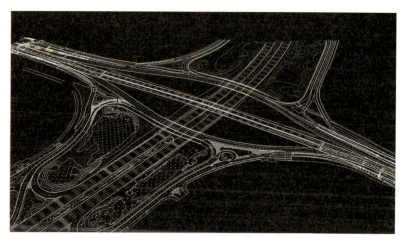

图 3-83　道路全要素矢量数据示意图

图 3-84　道路全要素三维模型示意图

(4)文物历史建筑实景三维建设。沈阳市文物与历史建筑存量大,而且风格独特,对于我国历史建筑的研究有着重要的意义。通过无人机贴近摄影测量、三维激光扫描等新型测绘技术手段,已完成了 140 处沈阳市市级以上文物建筑,以及沈阳市已公布的 236 处历史建筑的实景三维模型构建,实现了文物历史建筑在数字空间的 1∶1 真实还原,建立了数字化档案,为其修缮、保护、管理、利用提供必要的数据支撑,如图 3-85 所示。

图 3-85　沈阳故宫大政殿实景三维模型

2. 系统建设

为满足实景三维沈阳数据管理和数据发布的基本功能需要，集成二三维数据可视化引擎，构建了沈阳市时空大数据平台，可实现遥感影像、电子地图、倾斜摄影模型、矢量瓦片、多级地理实体模型的数据服务发布与可视化展现。

（1）系统架构。如图 3-86 所示，系统架构由基础层、数据层、系统层和应用层构

图 3-86　系统架构图

成。基础层保障系统存储、传输、分布式计算能力；数据层统一管理本级节点的分类、分时序实景三维数据；系统层提供实景三维数据服务调用和扩展服务应用；应用层实现在线应用、专业管理和运维监管。

(2) 数据服务。

① 地理实体服务：为应用系统提供实体查询及检索服务，支持实体属性检索、实体列表、实体二维渲染等功能。地理实体服务以实体数据库为核心，将数据库中的地理实体发布为 WMS/WFS 数据供应用场景的加载。

② 地理场景服务：为应用系统提供实景三维、仿真三维、BIM 等三维模型的渲染加载，支持指定属性过滤、指定范围过滤等功能。地理场景以 OGC 标准下的 3D Tiles 数据格式进行存储，通过场景服务发布平台对数据进行发布，将数据库中的地理场景发布为 3D Tiles 服务，供应用层加载使用。

③ 时空大数据平台：

一是基础地理实体产品目录及数据成果。通过对基础地理信息数据，如地形、影像、地形、三维模型、倾斜摄影进行整理、处理与入库，并汇总成基础地理实体产品目录。在不同的地理实体目录下面可以点击查看对应分类下的不同数据以及实体属性，如图 3-87 所示。

图 3-87 基础地理实体产品目录及数据成果

二是地理场景产品目录及数据成果。如图 3-88 所示，通过地理场景产品目录按照年份展示不同类型数据，直接在场景中直观展现不同数据，也可将多种不同类型的数据在场景中叠加显示以及显隐控制，系统性地展示数据成果。

三是语义化知识图谱构建。通过对地理实体之间的关系进行分析和建模，构建语义化的知识图谱，为用户提供更深入、更全面的地理信息。

四是平台概览统计。展示平台的概览统计信息，如用户数量、数据量、访问量等，帮助管理员及时掌握平台的使用情况。

图 3-88　地理场景产品目录及数据成果可视化

五是三维基础功能。如图 3-89 所示，支持基础的三维操作功能，如平移、旋转、缩放等，以便用户更好地观察三维分层实体模型，同时支持三维场景量算如距离量算、高度量算与面积量算等。

图 3-89　分层实体展示

3.11.3　典型应用

1. 城市规划风貌管控

城市规划风貌管控旨在保护和塑造城市的风貌特征，确保城市建设的整体协调性和统一性。实景三维数据因其"强现实、多维度、高精度"的特点为城市风貌的全方位观测、分析和管控提供了重要支持，更直观地了解城市风貌现状，为风貌管控提供基础数据。城市规划中，实景三维帮助规划者明确城市风貌的定位，通过模拟不同规划方案的效果，选择最能彰显城市特色的风貌方案。基于实景三维沈阳，融合城市规划中的管控要素和设计方案，将原有二维纸面评审转变为三维可视化评审，实现从规划编制到方案审批的全流程三维分析。通过对城市规划风貌项目评价指标的深入解析，运用空间分析算法，对设计方案和与周边环境的协调性进行评价，确保方案与城市更新、城市风貌要求的高度契合，提升设计、审批决策的准确性，如图 3-90 所示。

图 3-90　城市规划风貌管控系统

2. 森林防灭火指挥

基于实景三维数据集成森林资源数据、道路交通数据、防火资源分布数据、重点保障区域等专题数据，形成了沈阳市森林防灭火的数字沙盘。同时，接入融合了瞭望塔摄像头、巡查无人机等物联网感知设备以及气象卫星遥感等多源数据，实现了森林防火现状的实时展现。

如图 3-91 所示，在实际发生森林火情时，基于森林防灭火指挥平台，可以提供巡

图 3-91　森林防灭火指挥平台

查路线预览、火情推演、现场救援模拟等具体功能，便于清楚直观地掌握林区基本情况，辅助森林防灭火指挥决策。通过集成地面巡查人员移动设备的定位信息和移动轨迹，指挥者可以即时掌握巡防人员的分布情况，合理优化巡防人员的调度管理，更好地发挥巡查作用，提升管理中心的远程处理突发事件能力。

3. 城市交通智慧管理

基于部件级实景三维道路，融合城市路桥隧的档案信息和管理信息，搭建了城市路桥隧管理数据库，实现了"一路一档，一桥一档，一隧一档"的目标，结合城市执法管理以及路桥养护工作需要，搭建了路桥隧智慧管理平台，如图 3-92 所示。基于该管理平台，可以快速检索到道路、桥梁、隧道的数字化档案信息。同时，结合已经接入平台的摄像头、桥梁形变监测设备等物联感知设备，可以实时查看管理对象的运行状态并进行监控，及时预警潜在风险，以达到路桥隧智慧化管理的目的。

图 3-92　路桥隧智慧管理平台

4. 数字孪生流域管理

为响应国家"构建智慧水利体系，以流域为单元提升水情测报和智能调度能力"的号召，沈阳市选取秀水河作为试点，开展了数字孪生流域的试点建设，搭建了秀水河流域数字孪生平台，如图 3-93 所示。该平台基于实景三维框架，融合水下地形、堤坝、跨河桥涵等水工设施 BIM 模型，视频监控、雨量监测、流量监测等物联感知设备，水文、气象、土地利用等专题数据，搭建起数字孪生流域的数据底板，真实反映流域的基础地理情况和业务管理信息。通过与高校合作，平台集成了河道洪涝分析模型和水文、水动力模型，具备了在流域防洪业务应用中的预报、预警、预演以及预案的分析和可视化表达能力，提升了流域防洪的信息化水平，提高了沈阳市的防洪减灾能力。

图 3-93 秀水河流域数字孪生平台

5. 智慧园区精细化管理

智慧园区是智慧城市在小区域范围内的缩影,沈阳市以智慧粮库为例,搭建了沈阳市地方储备粮三维智慧粮库系统,如图 3-94 所示。系统以园区的实景三维数据为空间基础,构建园区的全息数字映像,通过集成园区的摄像头、门禁系统、温度湿度感知设备,引入无人机自动巡查技术和 AI 识别技术,实现对园区内人员活动、环境温湿度、空气质量、设施设备运行状态、仓储情况等多个关键指标的实时监测、预警研判和园区常态化智能巡检与监控,实现管理者园区布局、人流物流的精准管理,显著提升了园区管理效能,降低了运营成本,为企业创造了更安全、高效、可持续的运营环境。

图 3-94 沈阳市地方储备粮三维智慧粮库

6. 历史文化资源保护

根据国家文物局和住建部对于文物历史建筑数字化建档要求,搭建了沈阳市文物历史建筑电子档案可视化管理平台，如图 3-95 所示。以文物历史建筑的实景三维数据为载体，通过整合文物历史建筑的基本情况、历史沿革、产权单位等电子化档案信息，照片、视频、音频等多媒体资料，以及保护范围、建设控制地带、修缮维护信息等管理资料，建立了沈阳市文物历史建筑资源数据库，实现了对优秀历史文化资源的"一屏统览"和"一库统管"。

为了更好地推广沈阳市的优秀历史文化资源，基于沈阳市文物历史建筑资源数据库，将实景三维数据、历史照片、文字介绍、音频等整合发布到文物历史建筑可阅读平台中，市民和游客通过手机扫描二维码，即可在线浏览文物历史建筑的全貌和细节，阅读了解历史建筑及背后的故事，领略历史与现代交融的人文风貌。

图 3-95　历史建筑电子档案可视化管理平台

3.11.4　特色创新

1. 技术创新

（1）道路全息测绘技术。沈阳市以城市道路为切入点，探索了基于车载移动测量手段完成道路要素部件级实景三维的技术流程，并同高校合作，研究了位置精度改善、点云增强、点云自动分类、多源点云数据融合、道路矢量要素提取等关键技术，研发了具有以上功能模块的软件和工具，优化了生产流程，提高了作业效率，减少了人员投入。

（2）无人机贴近摄影测量技术。通过无人机贴近测量对象飞行，获取多视角的高清影像，并在此基础上进行高精度三维重建，进而高度还原目标物的精细结构、精确坐标，完整记录了文物历史建筑的轮廓特征和外观形态，几何精度达到了亚厘米甚至毫米级的精度。利用该技术，实现了对文物历史建筑真实三维信息和纹理信息的保存，为文化遗产的数字存档提供了重要手段。

2. 应用创新

沈阳市坚持"边建边用"的原则，在实景三维沈阳的建设过程中，充分考虑其他行业的应用需求，有针对性地将行业需求融入项目建设，更好地发挥了实景三维数据的应用价值。

沈阳市将实景三维技术应用到历史文化保护领域，构建了沈阳市文物历史建筑的高精度三维模型，建立了文化历史资源数字化档案，并将该成果纳入部件级实景三维体系，丰富了实景三维的场景应用。结合项目成果，牵头制定了《辽宁省历史建筑测绘建档技术规范》地方标准，为辽宁省的历史文化资源数字化建档提供了技术依据。

结合水利部构建数字孪生流域的需求，沈阳市以秀水河为试点，将实景三维成果应用到水利数字孪生领域，搭建流域的空间数据底座，融合水利行业的专题数据和相关算法模型，接入多种物联感知设备，实现了水利行业从物理世界到数字世界的映射和模拟分析，为辽宁省的水利数字孪生提供了样板。

3.11.5 经济社会效益

1. 经济效益

在建设之初，实景三维沈阳建设就秉持"政策引导，规划先行"的原则，在建设过程中遵循"边建边用"的策略，优先建设需求明确、应用迫切的部分，确保建设成果能够迅速投入实际应用。基于实景三维成果构建沈阳市的时空数据底座，有力地支撑了沈阳市数字政府建设，服务于沈阳市 CIM 基础平台、沈阳市"一张蓝图"、沈阳城市体检、沈阳市森林防火专项工作、沈阳市文物和历史建筑测绘建档等多个项目，节约了财政资金，取得了良好的经济效益。

2. 社会效益

实景三维沈阳搭建了城市空间数据基础，为数字沈阳与智慧城市的建设提供统一、真实、完整的三维时空数据底板，推动了城市规划、建设、管理、运行的数字化转型。实景三维提供了真实直观的现状依据，便于决策者做出更加合理的决策，提高了城市管理的精准度和响应速度，多次保障了沈阳市森林防灭火指挥和城市公共安全应急响应，切实提升了城市治理水平。

3.12 实景三维榆林：数据联动，智慧治城典范

3.12.1 建设背景

榆林市政府确定由榆林市自然资源和规划局依托国土空间基础信息平台，整合各

部门建设和使用的各类地理空间信息数据和信息资源，建设榆林市地理信息空间底座，形成了可复用的数字化资产。榆林市自然资源和规划局印发《实景三维榆林建设实施方案（2023—2025年）》，明确实景三维榆林是榆林市地理信息空间底座重要组成部分，为推进数字榆林、数字政府、数字经济战略提供了统一的时空数据基础底板和数据融合平台。目前，地形级实景三维实现榆林市全域覆盖，城市级实景三维实现榆林市中心城区城镇开发边界范围全覆盖。建成市、县一体国土空间基础信息平台，满足了实景三维成果管理和支撑应用场景拓展，具备物联感知数据接入与融合能力，初步形成数字空间与现实空间实时互联互通能力，推动了地理实体与自然资源要素衔接融合。

3.12.2 建设内容

1. 数据建设

（1）地形级实景三维建设。完成全市域4.3万平方千米2米格网DEM、DSM、分辨率0.2米航空遥感影像DOM、分辨率0.8米遥感影像季度时序化采集和分辨率2米遥感影像月度时序化采集制作；市中心城区、横山区城区、县（市）城区、榆横、榆神工业园区等0.05米航空遥感影像DOM全覆盖。

（2）城市级域实景三维建设。完成市中心城区和横山区城区城镇开发边界范围内537平方千米地面分辨率优于0.05米倾斜摄影影像和Mesh三维模型制作，135平方千米城市建筑单体模型（LOD1.3）制作，47平方千米地面分辨率优于0.02米城市建筑单体化模型（LOD3.0）制作，重点区域约30平方千米城市精细化三维模型制作。

（3）部件级实景三维建设。完成中心城区城市主次干道上约190千米道路及路灯、公交站牌、垃圾桶等道路附属设施部件模型制作，中心城区分层分户部件级实景三维模型制作，会展中心和体育中心BIM模型制作，实验矿区地下矿产三维模型制作。

2. 平台建设

建设完成全市域覆盖、市县融合的二三维一体化国土空间基础信息平台，作为表达和管理城市实景三维空间数据的基础平台，为全市提供地理信息空间支撑和共享服务。平台具备海量三维模型的高逼真渲染、模拟计算、可视化运维、共享服务能力。自平台运行以来，陆续新增国土空间一张图检测、建设项目会审、工程规划三维报建、影像数据管理、净空审查、建筑景观风貌管控等功能。

3. 物联感知数据接入与融合

开展市、县物联感知数据接入与融合能力建设，完成榆林市中心城区可接入的监控摄像头布设，实现视频影像和实景三维模型的融合，实时监测城市的运行状态，包括交通流量、人流密度等，如图3-96所示。接入各县（市、区）自然资源管理的可实时连接的地灾感知设备，获取空间位置服务数据和传感器数据。

图 3-96　视频监控融合

3.12.3　典型应用

实景三维榆林建设坚持需求牵引、创新驱动，探索建设多类型实景三维应用场景，培育实景三维榆林应用生态，为公安雪亮工程、城市管理、CIM 基础平台等信息化系统提供了统一、权威的数据基础底板，在自然资源管理、国土空间规划、地质灾害防治、城市规划设计、城市管理治理、机场净空保护、光伏项目用地选址等领域开展了积极探索，为市、县两级部门提供了包含数据共享、空间数据汇聚和二次开发服务在内的实景三维基础支撑，取得了显著成效，为测绘地理信息更好融入和支撑自然资源管理与经济社会高质量发展发挥了重要作用。

1. 地质灾害大排查

榆林市市域面积广，达 4.29 万平方千米，地质灾害频发，风险点底数不清。2022 年启动全市地质灾害风险大核查工作，传统的地质灾害风险点识别技术难度大、调查周期长、资金耗费大，经测算，使用以往的调查方案需资金约 1.2 亿元，耗时约 12 个月，且调查成果展示效果较差、风险点持续监测困难。如图 3-97 所示，在 2022 年的地灾核查中，基于实景三维模型，辅以野外调查的方案仅需资金 856 万元，耗时 3 个月，节约了约 1.1 亿元项目资金，节约了 9 个月时间。

榆林市地质灾害风险管理效果评价与信息反馈：2022 年主汛期榆林市出现 6 次极端强降雨过程，平均降水量 592 毫米，部分地区降雨量超过 700 毫米，紧急避险转移 1058 处隐患点受威胁群众 3703 户 9861 人，由于风险管控措施得当，实现了丰水年地质灾害"零伤亡"。2022 年汛期，发生一定规模以上滑坡、崩塌 140 余起，新发生的地质灾害全部在大核查的风险隐患点台账之列，消除了 80% 以上地质灾害不是在册隐患点的困扰。

图 3-97　榆林市地质灾害隐患点实景三维图

2. 产业用地选址

2023 年 3 月，自然资源部、国家林原局、国家能源局联合印发了《关于支持光伏发电产业发展规范用地管理有关工作的通知》，明确提出光伏方阵用地不得改变地表形态。榆林市毛乌素沙地地表新月形沙丘和沙丘链密布，新建光伏项目机械很难到达，需场平施工改变地表形态，与通知文件精神不相符。为进一步支持绿色能源发展，加快大型光伏基地建设，规范项目用地管理，榆林市政府要求对土石山区、丘陵沟壑区、盐碱地等区域光伏项目选址范围进行专题研究，并落地上图。

榆林市自然资源和规划局通过对国内外光伏发电产业用地资料分析和榆林市已建成光伏电站现场调研，确定了榆林市光伏发电产业用地的约束条件。如图 3-98 所示，基于实景三维 DEM 确定符合坡度坡向条件的可用地类，通过层次分析法确定因子权重，

图 3-98　光伏项目选址用地

将光伏用地图斑依据太阳辐射强度、日照时间、地形地貌、地质稳定性、与电网汇集站的距离和与交通道路距离等评价因素分区分级，获取不同影响条件概率图层，利用空间分析，获取各评价单元的适宜性指数，得到适宜性评价结果，分析适宜性等级；剔除在三区三线、油井安全距离、退耕还林范围内的图斑，选取融合单图斑面积大于 3000 平方米用地，最终计算出适合发展光伏产业用地 613 万亩，其中非常适宜区面积 100 万亩，形成光伏选址一张图，为光伏企业的项目选址节约了大量经费和时间成本。

3. 净空审查

根据中国民用航空局和自然资源部联合印发的《民用机场净空保护区域内建设项目净空审核管理办法》，榆林市自然资源和规划局组织优化榆阳机场净空一体化图，并将榆阳机场飞行程序保护区域、参考高度图、电磁环境保护区载入三维国土空间基础信息平台，实现了数据在基础信息平台中浏览展示、查询、分析统计、存储以及共享等功能。如图 3-99 所示，基于地形级实景三维地表高和建（构）筑物设计高程，创新使用空间分析服务对建设项目高度进行初审，检测工程设计方案建筑高度是否符合机场净空审查要求，平台自动生成选址区域国土空间分析报告，作为项目选址、建设、核验核实等阶段的必要附件，有力地保障了建设项目准确实施和机场净空安全。

榆林市自然资源和规划局与榆阳机场净空管理部门以三维国土空间基础信息平台为桥梁，建立长期有效的运行保护机制，从源头有效把控建（构）筑物对航空安全的影响，妥善协调城市规划与机场净空管理的关系，实现了双向、快速、和谐的发展。

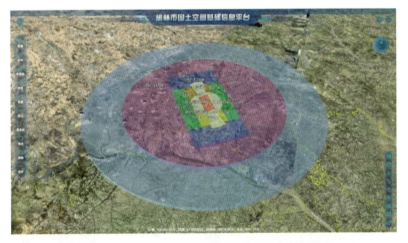

图 3-99　榆阳机场飞行程序保护区域及参考高度图

4. 规划审查新模式

为提高榆林市整体信息化管理水平，科学辅助政府和管理部门进行宏观决策、科学管理招商引资，更好地为城市建设、城市管理、城市展示提供多维的、可持续发展的信息化服务，基于实景三维榆林建设三维辅助决策系统。该系统将方案上会评审辅助决策需求作为工作出发点，以二维三维一体化展示的方式对多个项目方案进行全方位的比对展示。系统不仅可以对方案模型进行视域分析、定点观察，还可以实行各类规划基础分析操作，提高了决策效率。如图 3-100 所示，根据实景三维规划管控要求对全市重点建设项目进行规划管控评审，满足了各类规划审查的需求。规划管控要素可通过量化分析进行评价，工程建设项目可通过三维模型进行展示，规划建设方案可通过智能化分析进行检验，从而提高了项目一次审查通过率，大幅缩短了工程规划许可证发放前审查时间，为榆林市营商环境的有效优化提供了有力保障。

图 3-100　三维成果辅助城市重点建设项目方案对比

如图 3-101 所示，2023 年 5 月，榆林市三维辅助决策系统开始试运行工作，截至

图 3-101　三维成果辅助报建项目上会审查

2024年1月，累计服务150个三维报建项目的上会评审，从策略、工作机制、数据、技术等方面为规划管控工作提供了支撑和保障。该系统有助于促进重大建筑项目审议、审批程序的落实，有助于建立健全规划设计方案比选、论证、审查制度，有助于提高规划设计方案决策水平。通过二维数据与三维模型的融合，实现了系统、整体、宏观地反映城市空间景观格局，满足建设项目可视化展示和可量化分析，实现了规划管控工作从粗放式向精细化管理转型，全面提高了城市空间规划管理与决策水平。

5. 三维地籍管理

为落实国家对实景三维建设的要求，进一步提升全市自然资源管理的智慧化水平，基于实景三维榆林建成从土地供给、设计方案评审、竣工房产测绘的地幢房关联对应的全生命周期三维地籍应用，关联企业或项目达产后的经济效益、能源消耗、污染排放、技术创新等维度的产出绩效，进行亩均效益评价，并对全市产业发展和产业用地的大数据动态监测，有效引导全市产业用地效能提升。

如图3-102所示，基于二三维一体化数据实现了不动产权籍立体透视管理和综合评价。一方面，基于最新地籍调查等数据，结合赋码的实景三维幢数据构建高逼真三维不动产楼盘单体化模型，强化三维数据与不动产单元信息的关联粒度和深度，实现了不动产权籍室内室外一体、立体透视管理；另一方面，实现了对企业和园区的亩均绩效、生产效率等情况的动态监测和分析评估，用数据化、信息化的技术手段支撑榆林市"亩均效益改革"工作的推进，形成了一套低成本、高实用、易落地的地籍管理+不动产登记三维化的应用模式。

图3-102 实景三维楼盘表建设

6. 矿井监管

为了能够及时监测煤矿越界开采现象，准确记录井巷工程的变迁，直观地显示巷道的三维视觉模型,方便地查询巷道的有关信息,更好地进行采矿过程分析,榆林市建设了煤矿巷道模型。通过对矿山三维巷道可视化模型的空间分析,还可以辅助矿山巷道设计、掘进施工组织、灾害救援决策等工作。

如图 3-103 所示,融合处理矿井钻孔、测量、平剖面图等多源数据,实现二三维一体化建模,构建煤层、煤层顶板、煤层底板、关键岩层、巷道等三维地质模型,为矿井的资源开发、开采设计、矿井地质灾害、水害、瓦斯治理提供了可靠的精细化数据支撑。

图 3-103　煤矿地质层模型

7. 智慧档案馆

档案管理中心档案资产数量庞大、种类众多,传统的档案管理系统虽然能满足日常管理需求,但仅面向档案管理人员使用,操作专业性较强。如图 3-104 所示,榆林市三维档案馆的建立,实现了对档案管理中心档案配置信息的可视化管理,档案室传感器信

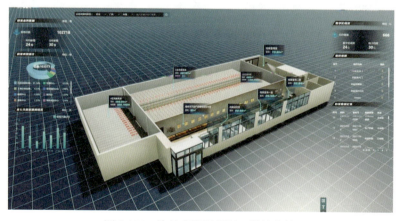

图 3-104　榆林市资源规划三维档案馆

息接收和档案室内部监控信息查看，通过三维模型，可清晰地对档案柜内部的档案资料进行查询，提供以可视化方式进行分级信息浏览和高级信息搜索的能力，让档案信息变得鲜活易用，有效提升了档案管理中心一体化智能化管理水平。

3.12.4 特色创新

1. 一码管地

（1）基于实景三维榆林形成"一码管地"机制。在土地供应前，统一设定宗地不动产单元，编制宗地层级代码；在设计方案批复阶段，对三维模型建立幢实体，续编幢层级代码；在房产测绘阶段，续编户层级代码；在竣工阶段，对竣工模型确定户层级完整的不动产单元代码，做到一地一码、一幢一码、一房一码，宗地、幢、户三维实体数据关联对应关系明确。

（2）建成三维地籍数据库。在预审选址、土地报批、土地供应、方案审查批复、规划许可审批、验线管理、土地核验、规划核实、产权登记等环节，通过"不动产单元代码"实时调取相应宗地、幢、户的三维地籍数据用于业务办理，并关联归集业务办理资料成果，实现了"一处归集、一码关联、即时调用"。同时，还将不动产单元代码拓展至不动产抵押、不动产办税、水电气暖过户、适龄儿童入学房产登记信息核验、房屋征迁等领域。

2. 地灾普查新模式

基于实景三维榆林，形成了黄土崩滑灾害隐患早期识别和核查技术体系，建立了精准的地质灾害防控"榆林模式"。聚焦"隐患在哪里""变形破坏模式与运移路径""风险有多高"等关键科技问题，根据榆林地区孕灾条件和黄土崩滑灾害发育分布特征，构建了以实景三维地形级高精度DEM为主的易发坡段早期识别、以高精度遥感为主的危险坡段核查、以专家为主的野外实地核查为主线的地质灾害风险大核查工作技术方法体系，创建了"精准到坡、精准到户、精准管控"的榆林地质灾害风险防控模式。

采用"天-空-地"结合的方法，利用实景三维地形级高精度DEM数据，截至2022年底，识别易发坡段493380处；通过遥感核查具有危险对象的疑似地质灾害隐患31988处；通过野外实地核查，最终核查出地质灾害隐患点9301处。其中，极高、高、中、低风险隐患点分别为82处、1378处、2895处、4946处，地质灾害观测点28222处。应用实景三维数据开展地质灾害大核查，支撑防灾减灾工作，得到了中国科学院院士陈祖煜、彭建兵和中国工程院院士殷跃平等专家学者的高度认可。

3.12.5 经济社会效益

1. 经济效益

榆林市实景三维建设，集中管理和整合了各部委办局大量时空数据资源、业务系统，避免了重复建设，为60多个政府部门节省建设经费至少2亿元，助力政府数字化转型与升级，提升了城市运行效能，重塑立体化的社会治理模式。

2. 社会效益

在全省率先建成集二三维应用于一体的国土空间基础信息平台，开拓了实景三维在城市风貌管控、三维地籍管理等方面的应用，成果获 2023 年度中国地理信息产业协会地理信息科技进步奖二等奖。其中，"基于三维地籍的全生命周期一码管地"入选自然资源部 2024 年实景三维数据赋能高质量发展创新应用典型案例。此外，在平台的支持下，榆林市开展的"亩均效益"评估工作领跑全省，作为优秀实践案例在全省范围内推广，成为省级层面的优秀示范和经验参考，荣获中国信息通信研究院 2023 星河案例行业数据应用优秀案例。

3.13 实景三维重庆：山地城市特色，数字重庆引领

3.13.1 建设背景

重庆作为集大城市、大农村、大山区、大库区于一体的直辖市，拥有比较独特的山水肌理、城市结构。面向新时期测绘地理信息事业创新发展以及基础测绘转型升级的需要，重庆市于 2018 年启动了以三维全息空间数据建设为核心的新型基础测绘试验与生产，研究编制了重庆新型基础测绘数据内容、数据集成、信息系统等地方标准。以标准规范为指引，设计完成了数据产品生产技术规程，指导开展了示范区和主城重点区域标准化数据生产与建库，于 2019 年初步建成全市多源多尺度实景三维总体框架，实现了多源、多尺度、海量实景三维集成、建库与服务发布，分批次在全市 30 余个区县部署分发和应用。通过"边研究、边实践、边总结"的工作模式，编写出版了《空间测绘探索》专著，系统总结了重庆市新型基础测绘试点探索的主要内容。

2020 年以来，围绕自然资源部"两统一"职责履行和新时期测绘工作"两支撑、一提升"根本定位，坚持规划引领，将实景三维建设纳入《重庆市自然资源保护和利用"十四五"规划》《重庆市测绘地理信息发展"十四五"规划》，以"十四五"全国基础测绘规划重点建设工程和承担数字重庆建设地理空间数据库建设任务为契机，加快实景三维重庆地形级和城市级数据资源建设，推进基础测绘地理信息数据库向地理实体数据库迭代升级，建立实景三维数据组织、发布、应用、服务体系，形成满足精细化管理需求的三维化、实体化空间信息服务能力。

3.13.2 建设内容

按照自然资源部《新型基础测绘体系建设试点技术大纲》《实景三维中国建设总体实施方案（2023—2025 年）》《自然资源部关于加快测绘地理信息事业转型升级更好支撑高质量发展的意见》等的要求，重庆市积极开展新型基础测绘体系建设试点，探索实景三

维重庆建设路径，开展了以产品体系和生产组织体系探索为核心的"2+4+X"建设工作框架。"2"即一套兼顾城乡统筹特色的新型基础测绘产品体系和一套可移植可复制的地理实体生产组织体系；"4"即产品体系和生产组织体系驱动的标准体系、关键技术、基础地理实体数据库和支撑环境；"X"即一系列新型基础测绘和实景三维应用服务示范，为山地城市自然资源管理、国土空间规划和城市数字化、智能化管理提供了时空知识服务。编制印发了《实景三维中国（重庆）建设总体实施方案（2023—2025年）》《重庆市国土空间三维实景图建设工作方案》，明确各项建设工作路线图和时间表，以数字重庆建设应用需求为导向，强化实景三维重庆的基础数据要素保障作用。

1. 标准体系建设

为了兼顾山地城市实体类别特点和行业领域需求，深入开展山地城市地理实体的定义分类、粒度精度、生产更新相关标准研究，拓展完善基础地理实体分类体系，建立地理实体科学合理的分类体系，如图 3-105 所示。重庆市基础地理实体分类体系的大类、一级类与国家基础地理实体分类保持一致，确保重庆试点与国家要求的有效衔接。二级类、三级类删减重庆不存在的类别，如冰川、雪域、海岸线等；同时，对部分地理实体进行细化，实现与《国土空间调查、规划、用途管制用地用海分类指南》等用地类别的衔接，支撑国土空间规划、自然资源等领域精细化管理需求。图元拓展方面，为做好基础地理实体与基础测绘生产的衔接，重庆市进一步拓展形成 297 个图元类别的图元分类体系，在实体分类码基础上编制对应的"图元分类码"，支撑地理实体与"点""线""面""体"等多种几何图元形态的关联。

图 3-105　重庆市基础地理实体分类体系

在试点探索过程中，重庆市对三维图元进行分级建设，一、二、三级三维图元对应不同细节粒度的真实模型，四级三维图元主要是体块白模，将大量的住宅、农村建筑立起来，和地形级实景三维一起形成了一套低成本的三维化表达。在属性配置方面，重庆市提出了一套基础地理实体属性分级分类标准，包含基础测绘承担的基本属性、衔接各部门应用的管理属性、支撑物联感知数据动态接入的全息属性三个层级，可以满足不同部门对数据属性的不同应用需求，满足了数字空间与物理世界关联互通的应用需求。

2. 产品体系建设

结合重庆实际，设计了一套具有"山地城市"特色与城乡统筹典型性的产品体系，包括一套二三维全覆盖、实体化、结构化、标准化的数据成果，并结合国土空间规划"三生空间"的概念，在城镇空间、生态空间和农业空间制定差异化的标准数据内容，从而兼顾生产效率、成本与成果应用需求。

基于实景三维重庆建设成果，制定了《重庆市国土空间三维实景图分级标准(试行)》，根据基础数据来源和成果精细程度不同，实景图分为4个层级，如图3-106所示，包括基础图(L级)、一级图(L1级)、二级图(L2级)、三级图(L3级)，作为全市统一的三维空间底座，提供体系化、可视化看图作战作用，服务城市基层数字化治理。以实景图为基础，融合多源数据创新新型基础测绘产品模式，探索研究"三维场景+监控视频"的虚实融合产品、"三维实体+感知数据"的动态模拟产品、"虚拟场景+现实场景"增强现实互动产品等模式设计、产品技术要求和产品构建方法，丰富新型基础测绘产品的应用服务内涵。

图 3-106 重庆市国土空间三维实景图分级示意图

3. 生产体系建设

重庆市将实景三维建设作为一项系统性工作，探索构建市级与区县"统一部署、分级实施、协同应用、按需更新"的统筹协同长效机制。基于山地城市地理实体分类编码标准研究成果，对城市化地区(城镇空间)、农产品主产区(农业空间)、生态功能区(生态空间)等不同区域，开展已有基础测绘成果的整理，利用航空摄影、三维激光扫描等手段获取示范区域航空影像、LiDAR点云等数据，并制作实景三维数据成果，按照从现有地理信息数据到地理实体和从数字孪生地理场景到地理实体两条技术路线，开展不同类型地理实体的数据采集和生产，验证实体分级、粒度和精度要求。

针对重点区域、重点项目，联合知名团队，创新探索贴近摄影测量、优视摄影测量等新技术，克服山地城市地形起伏大、地物遮挡严重等问题，提升了建筑立面采集分辨率，提高了实景三维精细度和效果，如图 3-107 所示。

图 3-107　实景三维 Mesh 模型质量提升

结合重庆市山地城市的典型特征，研究了一种二三维地理实体协同生产的工艺流程，打通地理实体数据生产的关键流程，实现了多粒度、多模态地理实体高效生产的工艺流程，如图 3-108 所示。基础地理实体生产组织，坚持把基于地理场景新采集地理实体和基于现有数据资源转换生产地理实体两种模式相结合。建立基础地理信息与基础地理实体转换模板，完成现有资源的批量化转换，提高了整体生产效率。基于立体卫星影像、Mesh 三维模型等地理场景数据实现基础地理实体的补充、更新。面向不同应用场景需求，从模型层级轻量化和数据维度轻量化构建相适应的数据轻量化技术，形成了以应用场景具体需求引领数据产品供给的能力。

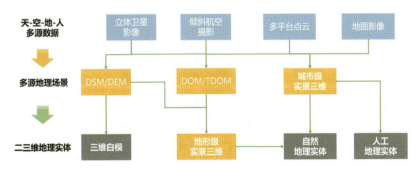

图 3-108　二三维地理实体协同生产技术路线

面向不同应用场景需求，从模型层级轻量化和数据维度轻量化构建了相适应的数据轻量化技术，形成满足多场景的数据成果。模型层级轻量化方面，实现了自适应空间数据轻量化方法，对复杂的单体的几何结构、纹理语义进行简化，通过不断迭代，由粗到细形成复杂三维模型在不同层级上的轻量化数据成果，满足不同应用需求。数据维度轻量化方面，根据不同的应用场景需求，完成数据降维，在保证要素完整、展示直观的条件下，极大减少数据量，满足移动互联网环境下数据加载需求，避免电子地图因缺少地理信息而无法使用的问题。

3.13.3 典型应用

重庆市全面学习领会贯彻习近平总书记重要讲话精神，围绕数字重庆"1361"整体构架(1：一体化智能化公共数据平台；3：三级数字化城市运行和治理中心；6：数字党建、数字政务、数字经济、数字社会、数字文化、数字法治"六大应用系统"；1：基层智治体系)，着力推进以数字化变革为引领的全面深化改革，建设数字政府，培育数字社会，健全数据管理体制机制，推动数字化改革向各领域各方面延伸。在自然资源部的大力支持和指导下，重庆市结合山城江城特色，加快推进实景三维重庆建设，将实景三维作为全市统一的三维空间底座，开展了具有重庆特色的实景三维应用探索。

1. 生态保护监管场景

在实景三维空间中，打通国土空间规划、生态保护修复、自然资源确权登记等数据和应用通道，建成重点区域自然资源三维立体时空数据库，开展底数统一、冲突识别、边界校核等工作，实现了对生态保护红线的科学评估和合理调整。借助高精度三维数据，开展关键点位精确校准与定位，实现全市生态保护红线定标布局和精准落地，将电子围栏、监控视频等动态数据接入实景三维模型，研发监管平台(图3-109)，形成动静

图3-109　生态保护监管场景

结合、时空联动的生态保护红线监管模式，守牢长江上游生态屏障的生态底线，保障了国家生态安全的生命线。

2. 乡村振兴服务场景

聚焦数字乡村建设和乡村振兴发展需求，利用无人机航飞、实景三维建模等测绘地理信息新技术，做好为帮扶工作"摸家底"、为乡村发展"明定位"、为乡村振兴"绘蓝图"。三维辅助乡村规划设计，在三维立体时空底座中，将不同规划方案通过实景模型比选（图 3-110），判断城市的天际线同项目周边地理环境在建筑体量、建筑色彩、建筑风格以及场地高程等方面的和谐性，以及公共空间的布局合理性，支持规划管理和用地监管。三维辅助历史文化保护，以实景三维还原乡村历史文化建筑的外观和结构，服务重点保护对象的修复方案和保护措施制定。基于实景三维探索数字乡村、智慧乡村建设，为乡村资源调查、环境整治、社会治理、高标准农田建设、乡村规划等提供了直观可靠的基础数据支撑。

图 3-110　乡村振兴服务场景

3. 自然资源管理场景

为了适应新形势下自然资源信息化的新要求，在已有基础上整合完善，建立三维立体自然资源"一张图"，以"创新、绿色、协调、开放、共享"为理念，以自然资源禀赋（数量、质量、潜力）、分布格局、演化过程为基础，聚焦不同自然资源要素之间，自然资源保护利用与经济社会发展、生态环境影响之间的关系。以健全自然资源常态化监测监管机制为导向，整合构建"天-空-地-人-网"立体监测感知网络，实现大范围、全天候自然资源变化监测，以立体协同方式实现时空数据资源的快速获取和精准融合，为自然资源监测评价体系向立体精细化发展提供了技术保障，有效支撑了生态文明背景下自然资源多场景管理决策，如图 3-111 所示。

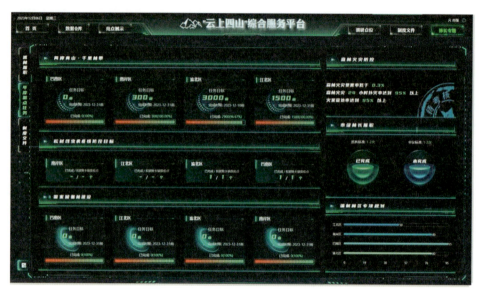

图 3-111　自然资源管理场景

4. 低空经济应用场景

面向低空经济发展的时空需求,基于实景三维重庆建设成果打造"低空实景三维图"统一时空服务底座,建设涵盖空域图、设施图、产业图、场景图四维一体的低空实景三维图,如图 3-112 所示。已对接相关部门完成了机场设施、超高障碍物、电力廊道、电磁环境等 14 类 1200 条低空经济数据要素与低空数字底座时空映射,基本构建起了全域多层次、三维化的低空数字场景。以"优服务"为核心提供"北斗+低空经济"智能化时空信息服务,围绕生态保护监管、城市运行监测、违法建筑、耕地保护等应用场景,开展实时、多场景、自动化巡查监测服务。

图 3-112　重庆市低空实景三维图

3.13.4 特色创新

1. 复杂场景精细化实景三维建模

针对复杂建构筑物或地形地貌场景实景三维建模的结构变形和纹理拉花问题，构建了"倾斜航摄+贴近航摄+地面拍摄"的全空间影像数据采集模式，通过一体化空三处理恢复影像内外方位元素，并构建精细化实景三维模型。

2. 多尺度空间格网划分和数据融合

基于三维空间的多尺度空间格网划分，构建地理实体唯一编码规则，实现对对象模型数据的语义化、对象化管理，以及对多维度空间数据关联。针对建筑室内空间结构的语义关系进行空间层次划分，基于"部分-组成"的语义关系表达建筑物的内部逻辑构成，建立多细节层级空间模型独立存储、不同尺度数据集的空间和语义关系。

3. 多源三维空间数据分级治理体系

针对数据融合精度不一致、服务形式单一等问题，研究坐标转换、轻量化处理、空间融合等方法，形成实景三维分级、分类、分要素治理成果。以结构化地理实体为基础，以空间编码为纽带，拓展多源数据接入方式，形成自然资源数据和城市管理运行数据空间化成果。

3.13.5 经济社会效益

1. 经济效益

实景三维重庆建设以来，得到各级领导的关心和认可，面向美丽中国、数字中国建设要求，重庆构建与超大城市治理相匹配的实景三维应用赋能体系，支撑市级治理中心、区县治理中心和镇街治理中心实体化运行等工作得到广泛关注。在国土空间规划、自然资源管理、生态文明、乡村振兴、旧城更新、新区发展、历史文化、综合交通、社会治理、数字经济等领域开展了百余项场景应用，为重庆经济社会高质量发展提供了应用保障。围绕全面支撑自然资源"两个统一"行使职责履行，以实景三维为时空基底，推动实景三维与规划自然资源管理深度融合。通过建设全域三维数字沙盘，提高"多规合一"国土空间规划"一张图"功能质量，加快推进国土空间规划实施监测网络建设，实现规划编制、土地供应、规划许可、竣工验收和不动产登记全过程闭环管理，有力支撑西部(重庆)科学城、两江新区等20多个片区规划优化、城市更新，实现了20余条山地重要交通廊道选线论证、数百项重要市政、建筑项目生态保护论证。串联规划编制、规划选址、方案审查、竣工核实等环节，注重整体竖向优化，立体推演规划道路和场地实施效果，达到生态、景观、经济效益最优解。

2. 社会效益

利用实景三维,将系统思维和一体化修复理念融入生态保护修复工作全过程,实现"一岛两江三谷四山"试点区域的精细化、可视化监管,保障生态保护修复工程项目的进度、资金和绩效综合监管。在长江上游生态屏障(重庆段)"山水林田湖草生态保护修复工程"监测监管应用中,基于实景三维开展多源数据融合,构建重点项目—区(县)—全区域三级监管绩效评价体系,由点到面实现生态修复项目序列化绩效评估,有效支撑了数字化绿色化协同转型。广阳岛和铜锣山矿区两个生态修复应用成果,入选联合国《生物多样性公约》第十五次缔约方大会生态修复典型案例。

3.14 实景三维内江:数智未来,赋能成渝双城经济圈

3.14.1 建设背景

围绕成渝地区双城经济圈战略规划,内江市努力构建"一核三区一带两轴"总体空间开发格局,加快建设成为成渝发展主轴中心城市。

按照《自然资源部办公厅关于全面推进实景三维中国建设的通知》要求,依据《内江市基础测绘"十四五"规划》计划,为推动"数字内江"建设,构建全市统一的高精度地理时空三维数据基底,进一步提升测绘地理信息对内江市自然资源管理和经济社会发展的服务保障能力,内江市率先启动了全省首个城市级实景三维建设项目——实景三维内江,以测绘地理信息新质生产力,赋能成渝地区双城经济圈高质量发展。

3.14.2 建设内容

1. 数据建设

利用直升飞机作为飞行平台,同时搭载五镜头倾斜航摄仪与机载激光雷达系统,获取了内江市城镇开发边界内和重点区域约131平方千米优于0.03米分辨率的倾斜航空影像和不少于16点/平方米的机载雷达点云数据;利用获取的倾斜航空影像,制作了0.05米分辨率的DOM、优于0.03米的三维Mesh模型和LOD2.3级别的建筑物单体化模型(城中村、棚户区以及农村地区等其它区域房屋建筑物单体化模型为LOD1.3级白模);利用获取的机载激光雷达点云数据,制作了0.5米格网的DEM;基于三维Mesh模型成果和机载激光雷达点云数据,测制了1:500数字线划图,并转换生产了基础地理实体数据。

2. 系统建设

项目系统建设主要包括实景三维内江成果管理系统、实景三维内江目录发布系统和实景三维内江综合展示系统建设。

实景三维内江成果管理系统部署于涉密网,采用C/S架构,包括数据检查入库、数

据查询、数据下载、数据更新、目录信息生成、系统管理等功能模块,实现实景三维内江成果资料的科学、高效管理。

如图 3-113 所示,实景三维内江目录发布系统部署于互联网,采用 B/S 架构,包括目录发布、成果申请、组织机构管理、角色管理、权限管理、日志管理、统计分析等功能模块,实现实景三维内江数据成果的目录发布和业务申请管理。通过目录发布系统,政府、行业和公众用户可快速直观查询所需要的实景三维内江建设成果目录,并在线提交业务办理申请,实现成果申领"最多跑一次"。

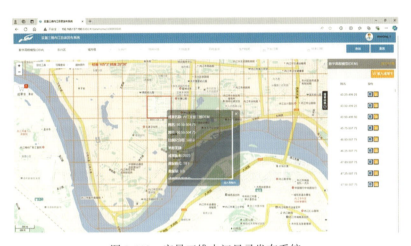

图 3-113　实景三维内江目录发布系统

如图 3-114 所示,实景三维内江综合展示系统,先行部署于涉密网,采用 B/S 架构,包括地图操作、图层管理、信息标注、场景漫游、视图管理、测量、空间查询、属性查询、

图 3-114　实景三维内江综合展示系统

环境特效等通用功能模块，用于实景三维内江建设成果，以及耕地、矿山、地下市政等专题数据的二三维场景融合展示，以满足针对实景三维内江建设成果的可视化管理需求。

3. 标准建设

依托实景三维内江建设经验，主编了国家标准《地下管线三维数据建模技术规程》、行业标准《1∶5000　1∶10000 基础地理信息要素数据转换生产基础地理实体数据技术规范》、团体标准《地下管线数据融合技术规范》，参编行业标准 1 项，如表 3-9 所示。

表 3-9　技术类标准编制清单

序号	标准名称	标准级别	主/参编
1	地下管线三维数据建模技术规程	国家标准	主编
2	1∶5000　1∶10000 基础地理信息要素数据转换生产基础地理实体数据技术规范	行业标准	主编
3	地下管线 数据融合技术规范	团体标准	主编
4	基础地理实体数据联动更新技术规范	行业标准	参编

3.14.3　典型应用

基于实景三维内江建设成果，整合全市耕地、矿山、地下市政等专题数据，以及铁塔视频、无人机巡查数据等天空地多源异构数据，打造了耕地智保、矿山智管、三维辅助规划、三维不动产、地下市政等典型应用场景。

1. 耕地智保场景

如图 3-115 所示，研发实景三维耕地智保系统，在三维场景下直观展示非农非粮化地块、储备耕地、坡耕地的数量、分布和变化情况，为耕地补划、整治恢复、流入流出

图 3-115　耕地智保场景

监管提供科学依据。通过铁塔视频在线监管，对疑似破坏耕地行为"自动监测、自动发现、自动预警"，变被动执法为主动监管、人工巡查为科技监管、单打独斗为综合监管。

2. 矿山智管场景

如图 3-116 所示，研发实景三维矿山智管系统，直观展示矿山分布、矿种探明总储量以及开采量等信息。利用无人机巡查数据实时传输、铁塔视频 AI 识别和 GIS 融合，实现露天矿山全方位、多维度、智能化立体监管，对无证开采、越界开采、超限开采等违法行为跟踪与预警，切实做到早发现、早制止、严查处。

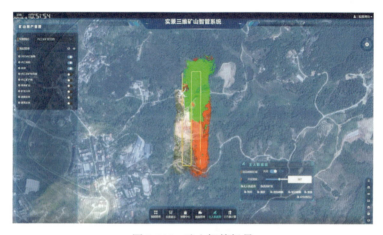

图 3-116　矿山智管场景

3. 三维辅助规划场景

如图 3-117 所示，研发实景三维辅助规划系统，融合展示实景三维数据与工程项目三维设计方案，直观研判设计方案实地协调性和预期建设成效，支持二维设计方案、项

图 3-117　三维辅助规划场景

目报批手续文件、360度全景影像在线浏览。基于三维量测和分析功能，可对建筑间距、限高、日照、可视域等指标进行定量分析，支持多套设计方案分屏比选。为科学、合理开展项目规划、评审等提供决策支持。

4. 三维不动产场景

如图3-118所示，研发实景三维不动产管理系统，以三维Mesh模型和建筑物单体化模型作为电子沙盘，构建分层分户数据模型，在线调用或挂接不动产权属信息、交易信息、住户信息等，探索地上地下空间一体化的"地、房、层、户"不动产信息管理新模式，为高效办理不动产交易、抵押等业务提供服务。

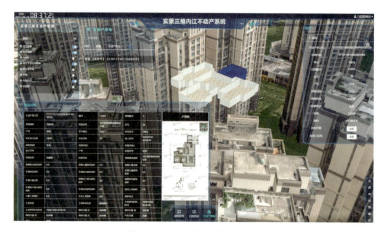

图3-118　三维不动产场景

5. 地下市政场景

如图3-119所示，研发实景三维地下市政基础设施管理系统，以三维可视化方式聚

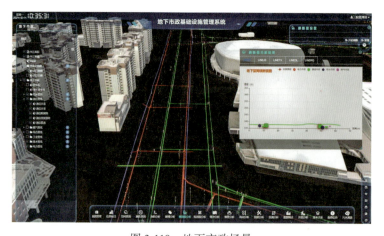

图3-119　地下市政场景

合地下管网资源，形成城市地下基础设施"一张图"，实现各类管网数据的智能化检索、统计，以及管线净距分析、纵横剖面分析、流向分析、混接分析、碰撞分析、爆管模拟分析、施工开挖分析等辅助分析决策功能，支持 QV 视频、检测报告等缺陷检测成果实时上传和在线查看，为城市规划、建设施工、应急处置等提供技术支撑。

3.14.4 特色创新

1. 建筑物模型(LOD2.3 级)轻量化

在网络环境下，海量实景三维模型的快速加载和高性能可视化是实景三维模型成果应用时面临的一大难题。为进一步压缩数据提高网络传输速度，同时不降低模型渲染的视觉表现效果，项目采用子对象重组、纹理重映射、几何压缩、纹理压缩等方法对模型数据进行轻量化处理，同时通过加载策略控制，实现大规模城市级实景三维模型在网络环境下的快速加载和高性能可视化。

2. 天空地多源异构数据融合

基于实景三维内江成果，整合全市高精度 DOM 和 DEM，耕地、矿山、地下市政等专题数据，以及铁塔视频、无人机巡查数据等天空地多源异构数据，通过数据解析与清洗、格式转换、坐标转换等手段，实现了以上数据的二三维融合展示和互操作。

3. 铁塔视频 GIS 融合与 AI 识别

利用铁塔视频监控距离远、云台转动精度高、设备抗风能力强、具有夜视功能等优势，对特定目标进行实时、高清的连续监测，通过空间坐标双向校正实现铁塔监控视频流与实景三维场景的深度融合，同时利用 AI 识别技术，实现对疑似破坏耕地以及矿山无证开采、越界开采、超限开采等违法行为的自动识别与实时预警。

3.14.5 经济社会效益

1. 经济效益

实景三维内江建设引用国家及全省统一的技术标准和产品模式，建设成果按照相关规定，通过目录发布系统向全社会开放共享，可降低地理信息应用成本，扩大地理信息应用范围，避免各个行业对基础地理信息获取的重复投入，避免了重复测绘造成的资金和资源浪费。建设成果可为政府决策、规划与管理、生态文明建设、应急保障与防灾减灾、自然资源管理、重大工程实施、社会公共服务等各类社会经济活动提供统一的高精度地理时空三维数据基底，避免了相关工作在立项、规划、设计、实施、监测、预警等环节因缺少时空基底数据而受到严重影响。

2. 社会效益

实景三维内江建设通过实体化和语义化的实景三维方法来表达实体空间，建设成果可为内江市发展的宏观规划、市场管理、科学决策，为新农村建设和城乡统筹规划布局、生态建设和环境保护、突发事件应急保障以及各专项规划实施等工作，提供快捷、高效、可靠的地理信息保障和支撑。随着社会信息化的快速发展，公众的地理信息公共服务需求也日益旺盛，在衣、食、住、行、游、购、娱等方面对地理信息服务的需求与日俱增，建设成果将向社会公众提供权威、可靠的实景三维地理场景和地理实体数据，同时通过实景三维在线服务平台实现基础地理信息数据在线实时服务与应用，大大满足公众在出行、旅游、教育等方面对地理信息资源与服务的需求，促进社会信息化进程。

3.15 实景三维深圳：城市操作系统，赋能超大城市建设

3.15.1 建设背景

深圳市在《关于加快推进新型智慧城市暨"数字政府"建设2018年工作的通知》中要求，依托空间基础地理信息等相关数据开展全市域高精度三维城市建模，为城市建设管理提供高精度空间定位等时空信息服务支撑。深圳市规划和自然资源局于2019年完成第一次全市域城市级实景三维数据采集和建模工作，为深圳市新型智慧城市和数字政府建设提供了重要的三维空间数字底板支撑。

根据《全面推进实景三维中国建设的通知》《实景三维广东建设实施方案（2023—2025年）》《深圳市测绘地理信息发展"十四五"规划》《深圳市数字孪生先锋城市建设行动计划（2023）》《实景三维深圳建设实施方案（2023—2025年）》等文件要求，夯实深圳市空间数字底板，推进新型基础测绘工作，推动城市精细化管理与场景应用，深圳市按照统筹建设、科技驱动和以用促建等原则，全面推动实景三维深圳的建设与应用。

3.15.2 建设内容

深圳市规划和自然资源局组织编制了《实景三维深圳建设实施方案（2023—2025年）》，以打造实景三维深圳建设和应用服务新格局为工作目标，结合深圳实景三维建设已有的基础，提出了完善实景三维产品体系、创新实景三维生产技术和提升应用服务能力等方面的工作任务及保障措施。通过持续化开展实景三维标准化产品生产与更新，完成省厅对于地市的工作要求；同时，面向自然资源和生态环境典型应用需求，在试点区域集成采集高分辨率倾斜影像、高光谱数据和超高密度激光点云，探索基于先验知识模型、多传感数据融合对城市植被生命体和城市构造物进行仿真建模，利用高光谱数据和激光点云探索植被的分类和树种识别。

自2018年起，深圳市试点建设高密度城区倾斜摄影实景三维模型约100平方千米。2019—2020年，采用激光雷达和倾斜摄影融合建模技术生产深圳全市域约2000平方千

米实景三维 Mesh 模型,并在局部区域构建了全要素单体化模型。2021—2022 年,探索利用三维立体变化发现开展 500 平方千米城市级实景三维数据更新。2023—2024 年开展第二轮覆盖全市域实景三维数据采集和建模。具体建设内容及成果如下:

1. 城市级实景三维建设

通过有人机、无人机、地面车载设备等不同航摄平台结合的手段,获取倾斜航空摄影影像、激光点云和街景等数据,开展城市级实景三维模型构建,生成实景三维 Mesh 模型、单体化模型、地理实体、城市三维模型(LOD1.3 级)、白模和素模等多种成果。

(1)实景三维 Mesh 模型。采用天空地一体化联合建模技术,通过激光点云和多角度倾斜摄影数据融合的技术路线,建成全陆域覆盖、影像分辨率优于 0.05 米、平面精度 0.6 米、高程精度 0.25 米的实景三维 Mesh 模型。深圳市 2019 年第一轮实景三维主要采用直升机平台来进行航空摄影,2023 年第二轮实景三维超过 80%的区域采用无人机进行航空摄影。

(2)机载激光点云(LiDAR)。2018 年开始采集激光点云数据,每年度更新一次,2023 年开始点云密度从 4 点每平方米升级到 16 点每平方米,面积覆盖全陆域和岛屿约 2000 平方千米。

(3)城市级地理实体。按照国家和省级相关技术规程,充分利用深圳已有 1∶1000 对象化地形图数据,收集地籍调查、国土调查、建筑物调查等专题数据,制定基础地理实体分类代码与深圳地形图分类编码映射关系以及图元映射关系,开展城市级基础地理实体转换生产。制定了深圳基础地理实体生产数据标准及地理实体生产技术规范和质量检查规则等技术文件,协助完成了地形级和城市级基础地理实体省市协同生产技术试验,配合省厅编制了广东省城市级基础地理实体转换生产技术规程。

(4)实景三维单体化模型。采用倾斜摄影和激光点云融合、边缘结构增强等建模技术,在试点区域约 190 平方千米范围,对水系、居民地及设施、交通、地貌、植被与土质等地物结构中任意维度大于 0.5 米的建(构)筑物进行独立建模表现,生成平面精度 0.6 米、高程精度 0.25 米、且兼顾要素完整性、拓扑合理性、精度准确性和空间连续性的实景三维单体化模型。

(5)城市三维模型(LOD1.3 级)。根据《实景三维中国建设城市三维模型(LOD1.3 级)快速构建技术规定(试行)》建模技术要求,在 LOD1.3 生产技术路线上,深圳市将主要基于倾斜摄影和激光点云数据,利用人工智能辅助手段,通过 Mesh 模型和激光点云半自动提取建筑物的基底面和侧面及顶部轮廓生成 LOD1.3 的图形结构,结合建筑物普查数据,关联相关属性信息,构建全市域城市三维模型(LOD1.3 级),完成 400 平方千米范围模型构建。

(6)三维白模和素模。基于 1∶1000 比例尺建筑二维矢量数据,结合激光点云提取的建筑高度数据,快速构建全市覆盖约 65 万栋建筑物三维白模,如图 3-120 所示。基于激光点云分类和结构化,构建含建(构)筑物精准结构和精度的无纹理贴图三维素模,素模几何精度与实景三维单体化模型保持一致。

图 3-120　白模(左)和素模(右)

2. 地形级实景三维建设

在地形级实景三维产品方面，形成了全市域覆盖的 1 米格网 DEM 和 DSM，每年更新 1 次；形成了全市域覆盖的 0.1 米高分辨率 DOM，每年更新 1 次；实现了亚米级卫星遥感 DOM 数据，每年更新 4 次。基本上可以保证以年度为周期进行时序化采集，并生产地形级实景三维产品。

3. 部件级实景三维建设

在部件级实景三维产品方面，2019 年开展试点区域 2200 栋建筑物分层分户等部件级实景三维建设，2022 年对全市 3000 多栋既有重要建筑基于 BIM 逆向翻模技术进行精细化建模，建设全市约 6000 千米市政道路部件级实景三维，约 500 千米地铁沿线 300 余座车站和枢纽部件级实景三维，通过市区协同的方式，逐步实现重点区域全覆盖的高精细度的部件级三维模型。

4. 在线系统和支撑环境

持续推进深圳全市域时空信息平台建设，集深圳市权威的时空信息基准平台、完整统一的时空信息基础平台、互联互通的时空信息共享平台、泛在实时的时空信息服务平台作用于一身，打造深圳的"智慧城市操作系统"；为全市提供完整统一的时空基础数据底板，支持二三维和动静态等数据的深度融合，采用分布式存储、WebGL/UE、轻量化等技术，实现城市级实景三维高效加载、二次开发和实时渲染等能力，为全市各部门近百个应用提供实景三维服务。

5. 标准体系建设

2023 年深圳市发布了地方标准《城市级实景三维数据规范》(DB4403/T 339—2023)，该标准对城市级实景三维中实景三维(Mesh)模型、实景三维(单体化)模型、素模的基本内容与规格、精度指标、数据组织和质量检查等进行了规范，适用于上述三种模型的采集、生产、管理、产品开发与检查；建立了基础地理信息要素与地理实体之间的映射关系，实现了定位基础、水系、居民地及设施、交通、管线、境界与政区、地貌、植被与土质 8 大要素与人工地理实体、自然地理实体、管理地理实体之间的匹配；明确了基础地理信息要素与地形级实景三维、城市级实景三维、部件级实景三维要求的衔接，规定了各要素内容的表现形式。该标准面向高密度城市的深圳地方特色，细化了地理要素、地理实体和三类模型之间的对应关系，为基础测绘工作从二维向三维转变提供规范参考，为深圳实景三维的建设和应用奠定了基础。

3.15.3 典型应用

深圳市采用离线数据服务、在线平台服务和协同知识服务相结合的方式，实现实景三维对自然资源各领域精细化管理和智慧化决策的支撑保障。

1. 二三维会商会审

如图 3-121 所示，基于实景三维深圳建立了二三维会商系统，支撑深圳市各领域重大项目 300 余项。用系统汇报、用数据说话，通过逼真的三维场景模拟让参会各方身临其境，解决传统 PPT 汇报无法逼真还原现场场景、无法实时调取分析关键数据等问题，不用去现场，就能掌握大部分项目情况，直观透视项目空间方案存在的各类冲突和禁限问题，节约了现场踏勘的人力物力成本和跨部门协商调度的沟通成本。

图 3-121　深圳全市域时空信息平台二三维会商系统

2. 城市规划设计

在规划建设领域，运用地形级实景三维数据，开展规划范围分析，判断地形地貌对范围变动所能带来的开发工程量。在城市设计领域，基于城市级实景三维数据底板，开展项目设施布局、建筑体量、外形特征的设计，模拟未来开发建设情况，真实体现教室、宿舍、食堂、体育场等设施的规模和建设效果，从实景三维空间把控建筑形态，提升"第六立面"城市风貌，如图 3-122 所示。

图 3-122　城市规划设计支撑平台

3. 生态保护

如图 3-123 所示，在生态环境领域，基于实景三维空间进行红树林保护区自然资源管理和生态保护，对湿地环境、水环境进行模拟仿真，接入具有空间位置信息的高清摄像头和红外相机视频数据，动态识别鸟类品种和空间位置并进行分类统计，分析鸟类迁徙特征，支撑红树林珍稀濒危鸟类等自然资源智慧化监测监管。

图 3-123　自然资源智慧化监测监管

3.15.4 特色创新

深圳市自 2018 年起启动实景三维建模工作，于 2019 年完成了第一轮覆盖全市域的实景三维产品，并开始了实景三维的建设和应用探索，在技术、产品、管理和应用等方面形成了特色创新成果。

1. 技术创新

深圳市自 2018 年开始就一直采用多角度倾斜摄影+激光点云的实景三维建模方案，在促进一飞多用的基础上，利用多角度倾斜摄影高分辨率纹理及高密度激光点云在结构重建的优势，使三维建模的效果更加精细。同时，对于景区、重点文物等场所采用贴近摄影测量进行建模，对于重要街区进行近地面补拍，通过空-天-地连联合建模手段，提升模型质量。研发基于实景三维的多模态数据时空关联技术，支持遥感影像、二维矢量、全景照片、现场视频、动态感知、管线地质和 BIM 模型等多源数据与实景三维的时空关联和多元融合。

2. 产品创新

研发基于实景三维的开放式时空数据分析和智能决策框架，支持实景三维分析算法和开发组件的连接互动、场景联动和个性定制，支持自然资源业务三维通用能力的下沉共享、复用解耦、敏捷扩展和智能演进，促进了自然资源管理领域典型应用生态构建。在试点区域集成采集高分辨率倾斜影像、高光谱数据和超高密度激光点云，面向自然资源和生态环境典型应用需求，探索基于先验知识模型、多传感数据融合对城市植被生命体进行仿生建模，对城市构造物进行仿真建模；同时，在试点区域利用高光谱数据和激光点云探索植被的分类和树种识别。

3. 管理创新

改变采用 PPT 审议规划建设项目的传统管理方式，形成"用系统汇报、用数据说话"的三维会商模式，通过逼真的三维场景模拟，让参会各方身临其境，解决传统 PPT 汇报无法逼真还原现场场景、无法实时调取分析关键数据等问题，不用去现场，就能掌握大部分项目情况，直观透视项目空间方案存在的各类冲突和禁限问题。

4. 安全应用创新

随着数字政府和智慧城市的深入推进，各部门对实景三维的应用需求日益迫切，如何在保障安全的前提下建立适应应用需求的实景三维安全管理及应用技术体系和服务模式，成为推进实景三维建设的难点。首先，对实景三维进行分级分类，结合有关政策规定，对三维模型成果进行产品分类、应用分级、要素分层和合理定密，根据差异化产品种类制定不同的管理和使用原则，尽可能对数据做到有差别、有针对性和最大化的安全应用。其次，区分场景，研究政府、企业和公众在涉密环境、政府内部和互联网等不同场景下对于三维模型类型、精度、精细度和分辨率等的差异化需求，按需制定安全应用策略。最后，要安全可控，严守涉密、政务和公开等不同安全红线，审慎评估多样化三维产品的安全密级，数据处理和数据服务方法要求国产安全可控。同相关城市一起，按照限定场景、限定范围、限定用户等原则，在大湾区开展实景三维安全应用探索，在实景三维好用与安全之间探索出可行方案。

3.15.5 社会经济效益

1. 经济效益

深圳市实景三维规划系统在全市各政府部门广泛推广应用，应用单位达 30 余家，覆盖"调查评价、空间规划、方案评估、建设实施、城市更新、产业发展、生态环评、城市运营"等自然资源管理领域多个业务场景和众多重点项目。其中，实景三维赋能的城市规划建设会商会审模式，支撑研究审议深圳市各领域重大项目 500 余项，节约了现场踏勘 60%的人力、物力成本和跨部门协商调度的沟通成本。深圳市通过实景三维技术的应用，极大地提升了城市管理的效率和精度。这种技术的应用不仅限于规划和设计，还扩展到了生态环境保护等多个领域，充分展示了其广泛的应用前景。通过三维实景技术，深圳市在多个重大项目中节省了大量的人力、物力成本，特别是在跨部门协作中减少了沟通成本。这种技术的创新应用不仅提高了管理效率，还为其他城市提供了宝贵的经验和借鉴意义。未来，随着技术的进一步发展，实景三维技术还将在更多领域得到应用，并为城市的高质量发展提供有力支撑。

2. 社会效益

深圳市以实景三维为基底，建立全空间索引体系，关联全市域土地、建(构)筑物、房屋、实有人口等基础数据，融合时空基础、物联感知、政务管理和工程建设 BIM 等数据，形成地上地下、室内室外和海陆一体的城市空间数字底座。城市空间数字底座采用离线数据服务、在线平台服务和协同知识服务相结合的服务方式，支撑自然资源各领域的精细化管理和智慧化决策。自然资源部、国家数据局联合组织开展了 2024 年实景三维数据赋能高质量发展创新应用典型案例征集。经广东省自然资源厅、广东省政务服务和数据管理局审核和推荐，深圳市规划和自然资源局申报的"实景三维数据赋能的自然资源精细化管理创新"案例入选支撑自然资源管理类应用场景的典型案例。以城市级实景三维为基底，龙华区与市规划和自然资源局通力合作，在深圳市规划和自然资源数据管理中心技术支持下，龙华区政府申报的"实景三维数据赋能数字龙华高质量发展"也入选助力数字经济发展应用场景。

3.16 实景三维横琴：融合数字孪生，共谱琴澳智慧城市新篇章

3.16.1 建设背景

建设横琴粤澳深度合作区(以下简称"合作区")是习近平总书记亲自谋划、亲自部

署、亲自推动的重大决策，是丰富"一国两制"实践的重大部署，有利于推动澳门长期繁荣稳定和融入国家发展大局。2021 年 9 月，中共中央、国务院印发《横琴粤澳深度合作区建设总体方案》，提出"不断健全粤澳共商共建共管共享的新体制"，粤澳两地政府共同组建管理机构以开发横琴这片热土，以特色体制为合作区建设擘画美好蓝图。2023 年 2 月，《横琴粤澳深度合作区发展促进条例》提出"加强琴澳智慧城市合作"。2023 年 12 月，《横琴粤澳深度合作区总体发展规划》提出，围绕构建智慧泛在的物联感知体系、构建合作区三维数字底座、提升运行管理精细化水平和建立琴澳融合的智慧应用体系等方面建设未来新型智慧城市。在合作区琴澳融合新体制下，建设具备合作区特色的智慧城市是落实合作区建设总体方案要求的重要举措。

2022—2023 年，合作区编制《横琴粤澳深度合作区智慧城市顶层设计》，基于数字中国、智慧城市建设要求，依据实景三维等系列政策文件，立足合作区建设发展的实际需求，在琴澳融合新体制下，构建"泛在感知、泛在智慧、泛在融合、泛在参与"的智慧城市建设蓝图，明确实景三维是合作区智慧城市建设的重要组成部分。2024 年 9 月，合作区建成"城市高精度实景三维平台"（以下简称"实景三维横琴"），基于实景三维充分融合国土空间基础信息、城市地理、城市物联感知、交通、生态环保、市政管理、产业经济等数据，以实景三维作为时空底座，初步打造了具有合作区特色的"数字孪生基座"，推动数字孪生的应用赋能和落地实施，助力琴澳智慧城市合作、深度融合发展。

3.16.2　建设内容

1. 总体设计

实景三维横琴在合作区琴澳融合新体制下，立足智慧城市建设需求，通过构建特色鲜明的合作区"数字孪生基座"（架构如图 3-124 所示），提供数字孪生共性支撑能力，实现数字孪生应用赋能。建设内容包括标准机制、数据资源、服务平台和典型应用。

图 3-124　合作区"数字孪生基座"架构图

2. 标准机制建设

实景三维横琴面向用户数据对接和服务调用的需求，制定实景三维数据生产及建库、成果汇集、平台服务、时序维护等制度规范9项（表3-10），形成合作区统一的城市空间底座技术标准和运行机制，为数据共享和平台服务提供强有力支撑。

表3-10 制度规范清单

序号	规范类型	规 范 名 称
1	总体设计	横琴粤澳深度合作区基础地理实体数据规范
2	总体设计	横琴粤澳深度合作区地理场景数据成果规范
3	总体设计	横琴粤澳深度合作区电子地图数据规范
4	总体设计	横琴粤澳深度合作区电子地图可视化规范
5	建库管理	横琴粤澳深度合作区实景三维平台目录与元数据规范
6	平台服务	横琴粤澳深度合作区实景三维数据建库技术规范
7	平台服务	横琴粤澳深度合作区实景三维平台数据服务接口规范
8	平台服务	横琴粤澳深度合作区实景三维平台数据维护与更新规范
9	平台服务	横琴粤澳深度合作区高精度城市实景三维平台数据服务共享管理规范

3. 数据资源建设

（1）地形级实景三维建设。完成合作区范围约106平方千米，0.5米格网DEM、DSM数据更新和地面分辨率0.05米DOM制作，构建陆海一体的地形级地理场景，如图3-125所示；完成合作区基础地理实体建设。

图3-125 融合数字水深模型的陆海一体数字地形

(2)城市级实景三维建设。完成合作区范围约 106 平方千米倾斜三维模型制作(图 3-126)、主要变化区域约 20 平方千米下视分辨率优于 0.03 米的倾斜影像年度更新;完成城镇开发边界范围约 45.6 平方千米城市基础地理实体生产(图 3-127);按需完成部分区域 LOD1.3 城市三维模型建设。

图 3-126 倾斜三维模型

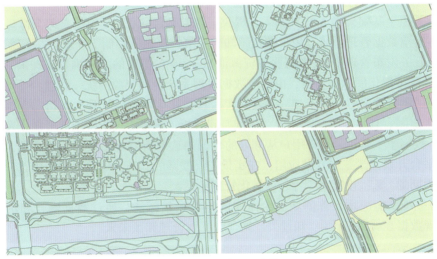

图 3-127 基础地理实体

(3)部件级实景三维建设。结合城市管理、自然资源调查监测等实际需要,完成"合作区市民中心、横琴口岸和横琴地下综合管廊"等 3 处部件级实景三维试点建设,如图 3-128 所示。

图 3-128　市民中心的部件级三维模型

专题地理实体：采用面向对象的方式，按业务管理的要素分类、业务阶段、管理单元、时间序列，完成 289 个图层数据实体组合、编码、聚合，构建建设和规划实体，以满足建设和规划等部门业务管理和综合应用需求。

物联感知数据接入与融合：对接合作区相关物联感知系统或平台，对 949 路物联监控视频（工地视频 531 路、市政署 368 路、湿地公园 50 路）进行数据解析、数据清洗、时空关联、数据融合等，完成多源传感器数据接入与处理工作。

4. 服务平台建设

借助移动互联、物联网、大数据等现代信息技术，按照"管理、应用"两级思路，建设实景三维横琴服务平台。系统主要能力包括：

(1) 云原生基础架构 AgCIM Base，提供了基础平台的底层运行维护的支撑。

(2) 时空数据管理系统，用于数据感知、采集、汇聚、存储、处理、发布管理。

(3) 服务发布管理中心（数据服务资源池），将平台汇聚的二三维数据提供到展示管理中心进行可视化展示与分析，由时空数据管理系统进行资源的统一管理。

(4) 展示管理中心，用于二三维数据展示和物联接入统览管理，支持二三维一体化个性场景定制、高真实感三维特效、多维空间分析，满足多场景多维度可视化表达。

(5) 数字孪生超市，允许用户从陈列的数据中选取所需地图数据相关产品，并支持基于此平台开发实景三维专题应用，在实景三维横琴的基础上建设上层应用，形成针对城市全周期的"规""设""建""管"智慧化管理体系。

(6) 三维赋能应用，首创城市生命线的四类场景赋能，通过数据融合和价值赋能后，实现数据在城市三维中"知过去、见现在、智管理和预未来"。

3.16.3　典型应用

实景三维横琴作为城市时空底座，已初步打造成具有合作区特色的"数字孪生基座"，构建了城市"知过去、见现在、智管理、预未来"的"数字孪生"服务能力。通过融合对应的城市数据和价值赋能，成功完成多个支撑城市管理和赋能行业应用的案例，为城市的数字化转型提供了有力支持。

1. 重点工程项目管理

为提升工程项目管理效率和决策科学性，基于实景三维空间，整合城市重点项目、BIM 模型、项目档案及工地视频监控数据。如图 3-129 所示，完成追溯历年工程项目演变与进展，实时掌握当前工程数量、进度及安全监管情况，实现项目精准定位、全生命周期管理及周边配套分析，预测项目竣工效果及未来评估。

图 3-129 重点项目 BIM 展示示例

2. 智慧交通综合管控

基于实景三维空间，整合了城市公交站点、线路、客流、充电桩及停车场数据，如图 3-130 所示，完成追溯历史车辆通勤、停车及充电情况；实时掌握当前通勤车辆、乘客客流、停车场及码头运营状况；实现通勤车辆跟踪、站点精准定位、客流分析及停车场视频监控；通过预测技术，为高峰时段车辆及站点布设、线路规划、充电桩和码头航

图 3-130 公共交通线路及站点分析

班调整提供决策支持，有效提升了合作区交通监管效力。

3. 智慧市政综合管理

基于实景三维空间，整合了道路、桥梁、隧道、管廊、照明、燃气及户外广告 7 大板块的统计数据和健康状况，如图 3-131 所示，展示市政设施基本信息、统计信息及事件监管记录，实时掌握市政桥隧健康情况及设施分布与数量，实现市政设施健康状况的监测和预警；规划市政设施建设及巡查养护，有效提升市政管理效率、优化城市服务、增强城市安全及促进可持续发展。

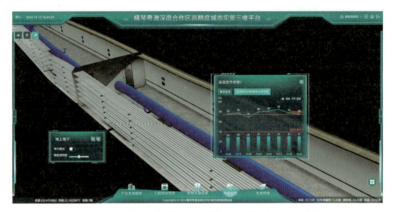

图 3-131　综合管廊及监测信息折线图展示示例

4. 智慧公安管理应用

实景三维横琴通过整合现有建筑物基底数据、建筑层数、高度等信息，融合房屋标准门牌地址与不动产自然幢等级数据，构建了精确的建筑白模，助力人口户籍管理、更新和查询居民户籍信息，结合地区标准地址信息后能够快速定位到具体建筑物或户室，便于公安进行实地核查和管理，提升了公安整体效能，如图 3-132 所示。

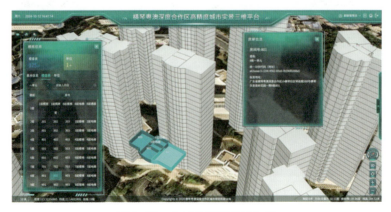

图 3-132　人口户籍管理与分析

5. 横琴口岸精细化管理

基于部件级实景三维模型的横琴口岸，通过 1：1 比例内部建模，全面展现通关闸口、地下停车场及内部指示牌等设施。支持模型与监管设备绑定融合，实现了高效的人车监管。这一举措可显著提升口岸及通关管理的精细化水平，为旅客提供了便捷、安全的通关服务。

6. 促进产业经济发展

为促进产业经济可持续发展，融合汇聚了城市规划和管理、商事登记、经济发展等领域 5 万多家企业数据以及城市公共配套信息，构建数字经济的产业发展专题。利用这些专题资料，可以方便了解历年的企业注册和办公情况、产业变迁过程；实时呈现企业数量、产业类型、办公区域及产业布局；实现产业的数字化管理，包括企业在三维模型中精准定位和落图、企业分布的可视化展示、企业周边配套分析；预测产业的未来发展趋势，提供产业的布局优化建议、产业评估等辅助决策，如图 3-133 所示。

图 3-133　合作区重点产业时空演变分析

7. 赋能数字生态建设

如图 3-134 所示，为全面监控和管理城市湿地公园等自然环境，实景三维平台整合了湿地公园、公共服务设施、视频监控及生物多样性数据；实现了追溯湿地公园历史游客情况、动植物迁移与生长过程，实时掌握公园内动植物物种及数量、基础设施分布和游客游园数据，开展动植物跟踪及迁移监测、公园智慧化管理及场所视频监管；通过预测模拟，可为动植物迁移、栖息地规划及保护提供决策支持。

图 3-134　湿地公园导览及管理

8. 助力全空间无人体系探索

合作区全空间无人体系秉持"国际先进、安全高效、绿色环保、特色人文"的建设理念，结合城市规划、产业布局及应用需求，将横琴打造为国内首个城市级海-陆-空全空间智能无人体系应用示范区和低空经济发展样板。实景三维横琴可作为全空间无人体系的数字孪生城市空间底座，提供核心的三维底图，用于绘制无人机、无人船的航线图，以及无人体系通感网络布设选点规划等，为智能无人体系的全面应用提供了坚实的基础。

9. 支撑琴澳融合发展分析

基于实景三维的城市空间底座，汇聚琴澳相关专题数据，包括人口、车辆、企业、产业、旅游及项目等信息，以全面了解琴澳融合发展的现状。重点分析了澳资企业在合作区的发展状况、涉澳重点项目工程的进展情况及琴澳跨境通勤状态；对澳门人员在横琴的出行需求和趋势进行了深入研究。这些分析结果将为后续的琴澳城市融合发展规划提供重要的决策支持和布局指导，如图 3-135 所示。

图 3-135　琴澳跨境通勤客流量分析

3.16.4 特色创新

1. 机制创新

（1）琴澳融合新体制下的政府引领，高起点构建"1+N+4"体系。粤澳两地政府共同组建管理机构，以"横琴粤澳深度合作区执委会、广东省人民政府横琴粤澳深度合作区工作办公室"领导班子为成员，共同成立合作区智慧城市建设工作领导小组，统筹推进合作区智慧城市建设。实景三维横琴始终立足智慧城市时空底座这一定位，构建了"1+N+4"的数字孪生+实景三维体系，包括1套时空标准统一的合作区二三维高精度城市空间模型；N项城市系列基础和专题数据融合汇聚，含城市基础地理信息、289个城市专题图层、949路城市物联监控感知数据，以及产业经济、交通管理、项目工程、市政监管、数字生态和城市配套等系列主题信息；4类数字孪生创新赋能。通过建设实景三维的示范应用专题，引导合作区工作机构拓宽工作思路，首创城市生命线的四类场景赋能，通过数据融合和价值赋能后，实现数据在城市中"知过去、见现在、智管理和预未来"。

（2）业务高度聚合模式下的需求导向，提供广泛适用的技术支撑服务。实景三维横琴由合作区城市规划与建设局主导实施，该局业务覆盖城市规划管理、土地管理、工程建设、生态环境、交通运输、住房保障以及市政管理等多领域。业务高度聚合的模式有助于破除业务壁垒，引导各处室拓宽思路，明确需求。实景三维横琴建设充分调研了合作区执行委员会、广东省人民政府横琴粤澳深度合作区工作办公室等工作机构的意见，围绕合作区定位、智慧城市泛在服务等特点，在提供实景三维通用服务的同时，打造"三版本"（涉密版、政务版和移动端），"两门户"（专业门户、通用门户）系统，面向特定部门或业务需求提供定制化服务，进一步提升了三维成果的广泛适用性。

（3）探索数据回流和价值赋能，共筑开放包容共享新生态。实景三维横琴以制度规范为保障，明确了数据格式和服务接口，引导和鼓励各部门在使用实景三维成果时，积极将各种城市数据进行汇聚并共享，实现各类数据的高效管理、持续共享和深度融合，形成开放、包容、共享的数据回流和价值赋能的生态模式，推动了城市管理智能化水平进一步提升。

2. 技术创新

（1）建设高标准的陆海一体三维场景。实景三维横琴按照国家和广东省实景三维建设工作的统一部署，开展地市层面 DOM 数据、DEM、倾斜摄影三维数据、基础地理实体数据、城市三维模型建设和重点区域部件级实景三维建设，并与省级水下地形数据衔接，构建了全区陆海统一的三维场景。基础地理实体、城市三维模型等均按照最新技术要求建设，相关技术指标均满足或优于国家及省级要求。地形级实景三维 DOM 分辨率优于 0.05 米，DEM 优于 0.5 米格网；倾斜三维模型下视分辨率优于 0.03 米；通过轻量化技术降低数据冗余，倾斜三维模型在保持原有细节的基础上，数据大小减少 50%，提升了实景三维平台的整体性能。

(2)人工智能与实景三维融合创新。实景三维横琴结合人工智能大模型与深度学习技术，以实景三维作为城市空间的数字化载体，推动城市数据高效汇集；嵌入 AI 智能服务，构建了城市级的 AI 助手系统，快速定位城市要素，同时结合城市状态感知功能，为城市管理提供实时、准确的数据支持。

3. 应用创新

(1)深度融合，建设琴澳融合的新样本。涉澳元素是实景三维横琴的一大亮点。实景三维横琴针对涉澳重要产业发展、重点企业经营、车辆人员出行等形成了特色数据服务和典型应用，为后续推动两地融合发展奠定了坚实基础。

(2)重点支撑，促进经济适度多元发展。通过提供精准的数据分析和市场预测，为琴澳的特色产业(如旅游、文化创意等)提供了有力支持。这些数据服务不仅帮助企业洞察市场趋势，还为其拓展业务、优化产品提供了科学依据。同时，项目还关注到涉澳中小企业的发展需求，通过提供定制化的数据解决方案，助力其提升竞争力，实现可持续发展。

(3)高效整合，便利居民生活与就业。通过整合各类公共服务数据，为琴澳居民提供了便捷的生活信息服务，对交通出行、医疗健康、教育文化等应用开展了探索，助力居民享受更加便捷、高效的生活体验。

3.16.5 经济社会效益

1. 经济效益

实景三维横琴通过构建统一的实景三维平台，实现了城市二三维空间数据的共享与复用，避免了各部门在数据采集、建模等方面的重复投入，每年至少可节省 1000 万元的城市测绘与建模费用；建成的数字孪生基座提供了丰富的城市级地图服务与数据支持，提升了城市服务的效率与质量，每年至少可减少相关投入 1500 万元。同时，实景三维横琴通过与数字孪生的融合应用，有效提升了城市的服务能力与吸引力，为吸引高端人才、促进产业升级提供了有力支撑，推动了智慧城市相关产业的发展与壮大，为城市经济的持续增长注入了新的动力。

2. 社会效益

合作区依托独特的地理位置和管理模式，为进一步推动实景三维数据汇集和应用拓展提供了有价值的案例，形成了实景三维的"横琴样本"，对其他地市开展智慧城市、数字孪生建设具有一定借鉴意义。实景三维横琴的建成，也进一步促进了涉澳元素在实景三维中的信息共享和互联互通，为琴澳两地在城市规划、交通管理、环境保护、旅游开发等多个关键领域的合作与协调奠定了坚实基础，为进一步推动琴澳深度融合，丰富"一国两制"实践的新示范提供了有力支撑，具有重大社会意义。

3.17 实景三维长三角一体化示范区：跨域赋能，一体化发展

3.17.1 建设背景

1. 国家战略发展要求

长三角全域包括的苏、浙、沪、皖三省一市，总面积约 35.8 万平方千米，长三角一体化示范区范围横跨沪苏浙，毗邻淀山湖，总面积约 2413 平方千米，行政区域覆盖上海青浦区、浙江嘉兴嘉善县、江苏苏州吴江区。长三角区域一体化是国家发展战略要求，党的十九大报告中强调"实施区域协调发展战略"，建立更加有效的区域协调发展新机制，急需全域统一的实景三维底座支撑。

2. 数字化转型发展需要

《长三角地区一体化发展三年行动计划（2018—2020 年）》指出，要"不断完善长三角一体化数据信息平台，加快建设长三角地理信息系统"。实景三维数据不仅可为跨区域规划协同、新型规划编制提供重要基础支撑，更好地服务跨行政区专项政策和措施制定，而且可为交通、能源、科创、产业、环保、公共服务、商务金融等专题要素提供统一的地理信息基础，以支撑政府部门、科研机构和企业的各种业务管理、数据分析。通过建设系统化、高精度、动态更新的长三角一体化实景三维大数据，实现跨区域时空信息资源整合和标准体系建设，形成协同化，业务化运行维护与管理机制，从而为长三角跨区域规划和政策创新赋能。

长三角各地的时空信息很丰富，但存在空间基准不统一、空间数据标准不统一、时间切片不统一等情况，制约了长三角一体化示范区的跨区域项目规划和建设。在《长三角生态绿色一体化发展示范区总体方案》和《上海市推进新型基础设施建设行动方案（2020—2022 年）》中均明确提出"建设一体化示范区智慧大脑""建立统一的基于地理信息系统数据库的规划管理信息平台"等具体要求，支撑长三角一体化示范区开展规划管理、生态环保、公共服务、产业发展等方面一体化制度创新，急需开展长三角一体化示范区实景三维建设。

3.17.2 建设内容

对实景三维长三角一体化示范区建设开展顶层设计，根据长三角一体化示范区跨行政区划的特点，统一长三角一体化示范区实景三维数据空间基准与数据标准，汇集长三角一体化示范区三地数据，搭建起长三角一体化示范区一体化实景三维数字底座，涵盖地形级、城市级、部件级多层级实景三维数据服务，为长三角一体化示范区各项业务工作的开展提供全面支撑。

1. 标准建设

(1) 建立统一的实景三维基准框架。上海市测绘院协同浙江省测绘科学技术研究院，构建了一套适合长三角一体化示范区发展需求的平面、高程基准，并在沪苏浙原点附近建立了长三角测绘基准点，如图 3-136 所示。另外，为满足用户在数据交换和上报时的需求，研发了坐标一体化转换平台，实现三地之间时空数据的在线转换，奠定了长三角一体化示范区跨域实景三维数据共享交换基础，如图 3-137 所示。

图 3-136 长三角一体化示范区实景三维数据基准框架

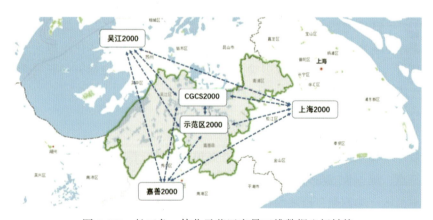

图 3-137 长三角一体化示范区实景三维数据坐标转换

(2)建立统一的实景三维数据标准。在统一长三角一体化示范区空间基准框架的基础上,建立了一套统一的空间数据标准,包括《长三角生态绿色一体化发展示范区基础地理信息数据标准》《长三角生态绿色一体化发展示范区基础地理信息数据更新暂行办法》。

在长三角一体化示范区执委会牵头下,上海市测绘院协同江苏、浙江两省测绘主管部门,共同完成了《长三角生态绿色一体化发展示范区基础地理信息数据标准》(以下简称《标准》)编制。标准在充分考虑国家"实景三维"建设要求的基础上,结合长三角一体化示范区不打破"行政壁垒"的原则,求同存异,涵盖了示范区地理信息数据"要素分类与代码""要素数据字典""要素转换标准"三部分内容。《标准》作为示范区实景三维数据管理与应用的重要依据,对示范区实景三维数据汇集、共享交换、更新保障具有指导作用,将有效服务示范区城市建设、社会治理、精细化管理、信息化建设等各项工作。《长三角生态绿色一体化发展示范区基础地理信息数据更新暂行办法》则明确了示范区跨省域时空数据更新、归集、共享要求,真正确保示范区基础地理信息数据鲜活、好用。

2. 数据建设

在统一长三角一体化示范区时空数据标准和统一空间基准的基础上,汇集长三角一体化示范区三地时空数据资源,完成了长三角一体化示范区一体化实景三维数据库与实景三维数据服务建设。建设涵盖 DOM、DEM 等地形级实景三维数据服务;倾斜模型、城市规划模型等城市级实景三维数据服务;地下管线、道路设施及数字孪生精细场景等部件级实景三维数据服务,如图 3-138 所示。截至 2024 年 9 月,已累计发布 200 余项实景三维数据服务,为长三角一体化示范区跨行政区专项政策和措施制定及规划、环保、能源、科创、公共服务等专项工作提供了统一的时空数据基底。

图 3-138 长三角一体化示范区部件级实景三维数据服务

3.17.3 典型应用

1. 真实感的"水乡客厅"数字孪生

在实景三维数据底座的基础上，搭建长三角一体化示范区"水乡客厅"数字孪生系统，实现长三角一体化示范区水乡客厅重点区域全域建筑模型、人口、企业等多源异构大数据统一汇集，同时通过为区域内重点要素制作数字档案，实现孪生区域要素信息即点即查，图像与数据完美联动，辅助长三角一体化示范区相关业务人员快速查询不同空间尺度下的信息，帮助他们用更直观的方式去管理日常事务、管理数据，带动跨行业、跨领域数据资源应用和数字生态的形成，打造智慧城市建设样板，如图3-139~图3-141所示。

图3-139 "水乡客厅"数字孪生系统现状人口场景

图3-140 "水乡客厅"数字孪生系统上下位规划比对

图 3-141 "水乡客厅"数字孪生系统规划管线评估

2. 跨域多层级规划管理

整合长三角一体化示范区三地规划数据资源,基于实景三维数据底座建设规划管理大屏,以数据一体化驱动发展一体化,以示范区"1+1+N"的规划体系为建设框架,通过与 DOM、城市规划模型等相叠加,实现了从 2413 平方千米长三角一体化示范区国土空间总体规划,到 660 平方千米长三角一体化示范区先行启动区国土空间总体规划,再到 51 个水乡单元(35 平方千米水乡客厅)控制详细规划,多层级规划数据的管理分析,如图 3-142、图 3-143 所示。

图 3-142 长三角一体化示范区 2413 国土空间总体规划管理

图 3-143　长三角一体化示范区"水乡客厅"单元控制性详细规划

3. 重点项目多维度监管

基于实景三维数据底座，整合长三角一体化示范区三地项目数据资源，搭建重点项目多维度监管场景，实现了长三角一体化示范区从指挥端到业务端的多维度项目管理。如图 3-144 所示，在指挥端，以"项目一张图"为核心，形成了示范区统一的项目管理底板，实现了项目"一屏统揽，实时监管"的效果。如图 3-145、图 3-146 所示；在业务端，探索基于时空信息重点项目全生命周期监测方法，实现了长三角一体化示范区三地最新项目数据全面集成、项目信息可视化展示、项目全周期实时动态监管与项目成果统一管理。

图 3-144　长三角一体化示范区重点项目监管指挥端

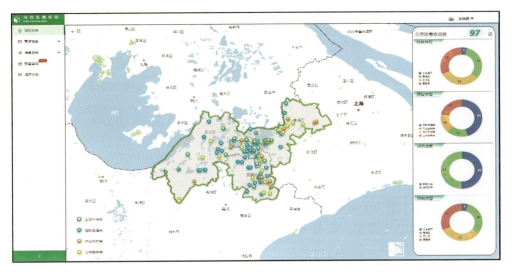

图 3-145　长三角一体化示范区重点项目监管业务端

图 3-146　长三角一体化示范区重点项目监管移动端

3.17.4　特色创新

1. 统一的跨区域实景三维空间基准框架

提出长三角一体化示范区平面、高程基准统一的方案,实现长三角一体化示范区无缝衔接实景三维平面基准框架与统一的高程基准框架的构建;明确三地坐标转换参数,打造一体化坐标转换系统,满足用户在数据交换、数据上报时对坐标统一的需求,提升长三角一体化示范区跨省域坐标转换和数据共享效率。

2. 统一的跨域实景三维数据底座

解决长三角一体化示范区三地实景三维数据标准不一致，数据共享、交换、更新、维护难度大问题。为长三角一体化示范区跨行政区专项政策和措施制定及规划、环保、能源、科创、公共服务、商务金融等各领域专项工作提供统一的时空数据基底。

3.17.5 经济社会效益

1. 经济效益

在城市规划与土地管理方面，通过发挥跨区域实景三维数据智能辅助决策作用，协助制定示范区 2413 平方千米国土空间总体规划及百余个控制性详细规划编制，帮助城市规划者合理规划土地使用，提高土地开发效率。在项目建设上，支撑 300 余个项目在线管理，降低跨域项目全流程管理的沟通协调成本。未来，实景三维长三角一体化示范区将在更多领域得到应用，为长三角跨区域高质量发展提供有力支撑。

2. 社会效益

通过长三角一体化示范区实景三维建设，实现了"不破行政隶属、打破行政边界"的业务创新协调模式，以长三角一体化实景三维为抓手，探索高质量发展新模式，推进跨区域空间数据信息共享，实现跨域空间基准统一、数据底座搭建、应用场景建设。通过各类业务应用的建设部署，为长三角一体化示范区三地的业务部门提供新思维和新工具，有利于工作理念和工作方式统一，进一步改进与完善跨域业务的开展，显著提升工作效率。在实现长三角一体化示范区"数字产业生态圈"的繁荣的同时，为提升跨域融合、政府治理能力和治理能力现代化的建设提供了示范样例，也为全国其他跨域毗邻地区空间信息融合共享开放应用提供了样板工程。

第 4 章 总结与展望

4.1 总结

自 2022 年自然资源部全面推进实景三维中国建设以来,各地实景三维城市建设不仅采集了海量数据,生产了各级实景三维产品,在数据获取、管理和分析技术上实现了突破,还通过构建高精度的城市三维空间数据底座,有效提升了城市管理的现代化水平,增强了对城市复杂系统的洞察和应对能力,同时也为公众提供了更加丰富和便捷的地理信息服务,在建设数字经济、数字政府、数字社会进程中发挥了重要作用,彰显了我国在空间信息技术领域的深厚积累与创新实力,为全球数字经济的未来发展树立了新的标杆与典范。

4.1.1 成果

1. 数据资源建设

截至 2024 年 8 月,各地累计建设完成 680 万平方千米优于 5 米格网的地形三维模型、17 版覆盖全部陆地国土的亚米/2 米分辨率影像数据、3 版覆盖重点地区的优于 1 米分辨率影像数据、490 万平方千米 1∶5 万要素转换生产的基础地理实体数据,以及 300 万平方千米基于 1∶5000~1∶10000 要素转换生产的基础地理实体数据。在城市级实景三维建设方面,已经完成了约 10.3 万平方千米的城市三维模型,还有约 3.1 万平方千米基于 1∶500~1∶2000 要素转换生产的基础地理实体数据。同时,还建成了一批部件级示范成果。在此基础上,建成了多尺度、多类型的测绘地理信息数据库并持续更新,为数字中国建设提供了统一的时空基底。此外,重庆、青岛、沈阳、深圳等地,综合利用贴近摄影测量、优视摄影测量、多平台激光扫描等技术,显著提升数据获取效率和质量,为城市级高分辨率、多角度三维立体场景数据获取积累了经验。

2. 系统平台建设

各地总体遵循全域覆盖、市县协同、分级实施的实景三维建设框架,融合航空摄影、卫星遥感、激光雷达等多源数据,支撑地上地下、室内外一体化的三维数据表达,实现了对城市地形地貌和建设现状的真实还原,构建了全域覆盖的实景三维基础数据库,解决了传统二维地理信息表达不足的问题。具体而言,北京、常州、黄山等地,分别采用"一图一码""一网统管""一码管地"等方式关联各部门掌握的属性信息,提升信息统筹能力，支撑跨部门深度应用；上海、武汉、德清等地，通过对实景三维时空服务与各部门业务需求的梳理，采用标准化、组件化、模板化等方式建设系统平台，为用户提供更便捷、更有效的服务；青岛市建设了国内首个以实景三维模型为主体数据集、基于云原生架构体系的时空信息平台，在海量数据沉浸式协同渲染、国产自主安全可控适配、时空 AI 算力模型构建等方面取得了关键技术突破。

3. 实施应用赋能

各地从"两服务、两支撑"根本定位出发，发展自然资源状况全覆盖全要素管理能力与国土空间态势感知能力，大力推进自然资源业务数字化、智能化转型，助力山水林田湖草沙一体化保护和系统治理，支撑自然资源管理，服务生态文明建设。在自然资源数字化领域，北京、武汉、青岛、宁波、黄山、榆林等地以实景三维产品为基础，积极推进线上规划踏勘与会商会审；北京、武汉、青岛、宁波等地相继开展了自然资源的指标评价、立体信息化等工作，支持自然资源的动态监管；重庆将当地的大江大河、立体城市、美丽乡村搬进三维数字空间，为超大城市治理提供了地理信息要素基础保障。在生态保护领域，北京开展了生态安全格局指标评估；武汉开展了生态修复工程碳效应评价；青岛基于实景三维赋能绿色生态城区建设；深圳进行了红树林保护区自然资源管理和生态保护，支撑红树林珍稀濒危鸟类等自然资源智慧化监测监管；武汉、内江等地建设了矿区实景三维支撑矿区管理与生态修复。在灾害应急保障领域，武汉基于二三维一体化工作底图开展了自然灾害综合风险普查；上海利用实景三维数据基底叠加城市体征，打造了透明化消防战场；北京利用实景三维成果协助物资精准投放等工作，服务强降雨灾后重建；黄山创新开展了地质灾害实时定向预警研究工作；重庆、青岛、烟台、宁波等地将实景三维用于防火防汛，有效解决了灾情中地形不清、救灾点不明、多部门协同难等问题。

各地积极赋能政府管理决策，着力培育应用场景，探索实景三维在城市精细治理、国土空间规划、智慧安防与调度等城市空间场景的应用，同时发挥城市的辐射带动作用，为乡村振兴、耕地保护、历史文化保护、文化旅游等事业贡献力量，充分支撑各行业需求，服务经济社会发展。在城市建设与治理领域，北京、上海、武汉、沈阳等地将实景三维等地理信息技术下沉到社区、园区，建立人和居住环境的信息融合与感知网，实现直观、精准的精细化治理；武汉、德清等地将警情警务与实景三维深度整合，打造了安保实景数字沙盘、数字警务一张图等产品，为警力指挥部署提供科学决策与技术支撑；沈阳、青岛、常州等地分别建设了路桥隧智慧管理、数字港口、数字高架等产品，支持智能预警、监测指挥，提升了城港交通运输的安全治理水平；重庆、榆林等地基于城市低空数字场景，提供空域审查、航线障碍分析等低空实景三维服务，为低空经济腾飞提供了保障；宁波、常州、黄山、内江、榆林等地研发了三维地籍与不动产管理服务，为企业和群众办事提供便捷和高效的服务；武汉、青岛、烟台、榆林、德清等地对地下管线、地质结构进行了三维建模，通过地上下一体化模式，有效管理城市地下空间。在文保文旅与乡村振兴领域，北京搭建中轴线遗产保护中心监测平台，助力"北京中轴线"申遗成功；青岛、沈阳、宁波、常州、黄山、榆林等地也纷纷建立历史城区、文化街区、历史遗产与古建筑的数字副本与管理平台，推动当地文保文旅高质量发展；黄山用实景三维成果精确呈现旅游区域的地形地貌，为旅游线路设计、景区布局规划提供科学依据，通过向公众提供虚拟游览与文化展示等服务促进文化传播；重庆、德清等地聚焦数字乡村建设和乡村振兴发展需求，助力实现精准帮扶与动态管理，为乡村振兴贡献数字力量。

4. 标准规范制定

各地在遵循国家统一标准的基础上，积极开展相关标准规范建设工作，均较为关注数据采集与管理、数据质量检查、地理实体编码、地理实体分类粒度与精度等共性问题。同时，为适应不同地区的具体需求和技术发展水平，各地也结合实践经验进行了具有地方特色的标准规范探索。武汉市基于国家新型基础测绘建设武汉试点生产实践经验，构建了基础、技术、产品、服务、质量、管理等6类标准的实景三维武汉标准体系，并在基础、技术、产品和服务类等方面开展了系列编制工作；重庆市深入开展山地城市地理实体的定义分类、粒度精度、生产更新相关标准研究，编制了《重庆市国土空间三维实景图分级标准（试行）》，拓展完善基础地理实体分类体系，建立地理实体科学合理的分类体系；青岛市结合森林防火实景三维立体一张图平台建设与应用经验，主编了团体标准《实景三维森林防火数据要求》，支撑防火应急相关工作；沈阳市结合实景三维技术在历史文化保护领域的应用成果，牵头制定了地方标准《辽宁省历史建筑测绘建档技术规范》，为历史文化资源数字化建档提供了依据；黄山市结合自然资源部三维不动产登记领域全国唯一试点经验，编制了安徽省地方标准《自然资源和不动产三维立体调查登记规范》，成为首个省级自然资源和不动产三维立体调查登记地方推荐性标准；长三角一体化示范区在充分考虑国家"实景三维"建设要求的基础上，依据不打破"行政壁垒"的原则，编制《长三角生态绿色一体化发展示范区基础地理信息数据标准》，为跨区域的实景三维数据汇集、共享交换、更新保障提供指导。

综上所述，实景三维城市建设在数据资源、系统平台、标准规范与赋能应用等方面成果显著，实景三维的空间覆盖度越来越高、时空要素越来越全、应用覆盖面越来越广、支撑力度越来越大。各地实景三维城市建设中积极采用人工智能、大数据、云计算等新兴技术，在海量地理空间数据轻量化处理、语义化建模、地理实体空间身份编码服务等关键核心技术环节基本实现自主可控。与此同时，在三维数据可视化、大范围地理场景数据获取、室内外一体化测量等技术方面均取得重要突破。各地实景三维城市的多维度建设和应用实践为实景三维中国建设持续推进积累了宝贵经验。

4.1.2 面临的问题和挑战

首先，在政策引导方面，作为提出和推动实景三维中国建设的主责部门，自然资源部发布的专门推动实景三维中国建设的政策文件仅有2022年自然资源部办公厅印发的《全面推进实景三维中国建设的通知》，虽然和随后发布的《实景三维中国建设总体实施方案（2023—2025年）》一起对实景三维中国建设目标和主要任务等做了初步设计，但是仍然缺少对实景三维中国建设的常态化发展战略研究和实景三维中国建设的中长期发展规划，使各地在谋划长期推动实景三维城市建设的过程中，在一定程度上缺少政策依据和方向参考。

其次，近年来通过国省市协同实施，虽然初步实现了地形级实景三维对全国陆地及主要岛屿覆盖、城市级实景三维对地级以上城市城镇开发边界范围覆盖，但是按照"全信息、全空间、三维化、实体化、时序化"的建设目标，如何进一步扩展数据覆盖范围，丰富数据内容，提升数据精度、精细程度和现势性，构建形成统一权威的实景三维数据体系，仍将是实景三维城市建设乃至实景三维中国建设的长期目标。

再次，虽然当前实景三维中国建设已经初步形成了完整的技术与标准体系，部分城市在实景三维建设过程中也进行了积极探索和尝试，实现了部分关键技术的突破，但测绘地理信息技术与新一代信息技术的融合创新、各级各部门生产的多源、多维数据成果的汇聚融合问题仍然存在，限制了实景三维作为统一时空基底的应用潜力，以及为城市建设与经济社会高质量发展提供丰富数据要素的保障作用。

最后，目前实景三维服务模式主要聚焦于数据服务和平台服务，在时空信息服务和知识服务等方面的应用场景较少，在赋能作用方面还主要体现在时空基底和时空关联，在更高层次的时空分析和时空智能作用方面体现不足，与国土空间规划、自然资源调查、确权登记等业务之间未实现紧密耦合协同，缺乏具有标杆效应的示范性应用场景，在新兴领域如低空经济、智能网联汽车等数字经济新业态中显现度不足，应用潜力尚未充分挖掘。

4.2 展望

经过多年的政策部署和探索实践，作为实景三维中国建设的重要基础单元，实景三维城市建设已经迎来全面建设加速时期。未来，在实景三维中国建设"全国一盘棋"格局下，各地需要继续坚持守正创新，坚持系统观念，在完成好国家部署的阶段性建设任务的同时，因地制宜，结合发展实际，以需求为导向，开展好实景三维城市建设。同时，随着全球化的深入发展，实景三维建设要进一步拓宽国际视野，加强与国际先进企业和研究机构的合作，引进国际前沿技术和管理经验，提升行业的整体水平和竞争力，并积极参与全球标准和规范的制定，推动实景三维技术的国际化发展。

在体制机制建设方面，在充分吸收各地实景三维城市建设经验的基础上，要进一步建立健全省市县统筹协调机制，细化管理模式、主要流程、职能分工、基本要求、监管评价等，并在执行层面推动落实。要建立有效的常态化更新运维机制和科学的成果汇交共享管理机制，实现实景三维城市建设更高效的组织管理，有序推动数字中国高质量建设。

在标准规范制定方面，要加强系统性建设，地方标准在全面对接国家标准的同时，要注重与同类地方规范的一致性,加强指导思路上的连贯性,明确地方规范的适用范围,并组织相关培训和指导,提高地方技术人员对实景三维建设各级标准的理解和应用能力,确保标准在实景三维建设中的有效实施。

在技术研发方面,要进一步发展贴近摄影测量、优视摄影测量、卫星立体测绘等先进数据获取技术,提高数据的精度和可用性,重点突破多源多模态空间数据融合、地理实体语义化表达、实景三维时空信息共享、数据质量控制和安全评估、数据变化发现与动态更新等关键技术,发展多学科交叉融合、智能化、自动化、低成本、自主可控的新技术,为实景三维建模向数字孪生建模过渡,为数字经济的蓬勃发展持续注入更多活力。

在产品平台方面,要构建兼容实景三维数据与物联传感数据的通用地理空间智能平台,支持多细节层次的实景三维模型的快速展示与分析,发展结合增强现实(AR)和虚拟现实(VR)的可视化技术,提供沉浸式的三维体验,提升公众参与度与社会共治共享水平。

在应用模式方面,要大力促进实景三维数据在数字经济新业态发展中的应用,切实推进实景三维数据、数字孪生技术与业务应用的深度融合,支撑各类生产要素供给和需求在三维立体空间上的精准智能匹配和高效流通,支撑空间业务流程再造和场景综合集成,助力新质生产力发展,为行业提质增效、跨行业融合、城市数字化转型提供支持。

聚沙成塔、鲲化为鹏、点石成金,实景三维城市建设正在追求实现更广泛的空间覆盖、更精细的数据表达、更及时的信息更新和更丰富的应用服务。2025年初步建成实景三维中国,推动地理空间数据从陆地表面向海洋、水下、地下、室内全地域延伸、全范围覆盖,这一系列目标的实现有赖于各地实景三维城市建设的探索实践和相关成果的有机融合。一方面,需要持续丰富实景三维数据资源,加快实现高精度城市三维模型对地级以上城市区域的全覆盖,在此基础上,逐步推动形成超大特大城市智慧高效治理新体系;另一方面,需要充分发挥时空信息数据要素价值,着力推动实景三维城市建设成果广泛赋能城市绿色低碳高质量发展全过程,并以服务智能网联汽车和低空经济等重要战略性新兴产业为抓手,加快培育新质生产力,全面助力现代化经济体系建设,让实景三维催生更加有力的支撑和服务能力,让经济社会高质量发展的愿景成为现实,为促进世界发展贡献中国智慧和方案。

缩　略　语

GIS：Geographic Information System，地理信息系统
SLAM：Simultaneous Localization and Mapping，同步定位与地图构建
BIM：Building Information Model，建筑信息模型
CityGML：City Geographic Markup Language，城市地理标记语言
LOD：Level of Detail，建筑模型的细节层次
IFC：Industry Foundation Class，数据模型
CIM：City Information Modeling，城市信息模型
PIM：Port Information Modeling，港口信息模型
TDOM：True Digital Orthophoto Map，数字真正射影像
DOM：Digital Orthophoto Map，数字正射影像图
DEM：Digital Elevation Model，数字高程模型
DSM：Digital Surface Model，数字表面模型
NeRF：Neural Radiance Fields，神经辐射场
OSGB：Open Scene Graph Binary，二进制开放场景图
POI：Point of Interest，兴趣点

附　录

附录 1　实景三维建设政策文件与标准规范

附 1.1　实景三维建设相关政策文件

附表 1-1　自然资源部等国家部门相关政策文件

序号	文件名称	文号	发布日期
1	数字中国建设整体布局规划	—	2023 年 2 月
2	关于深化智慧城市发展推进城市全域数字化转型的指导意见	发改数据〔2024〕660 号	2024 年 5 月 20 日
3	中共中央 国务院关于加快经济社会发展全面绿色转型的意见	国务院公报 2024 年第 24 号	2024 年 7 月 31 日
4	新型基础测绘体系建设试点技术大纲	自然资办函〔2021〕28 号	2021 年 3 月 18 日
5	关于全面推进实景三维中国建设的通知	自然资办发〔2022〕7 号	2022 年 2 月 24 日
6	关于印发《实景三维中国建设总体实施方案（2023—2025 年）》的通知	自然资办发〔2023〕31 号	2023 年 3 月 3 日
7	自然资源部关于加快测绘地理信息事业转型升级　更好支撑高质量发展的意见	自然资办发〔2023〕158 号	2023 年 8 月 22 日
8	自然资源部关于保护和永续利用自然资源扎实推进美丽中国建设的实施意见	自然资办发〔2024〕150 号	2024 年 8 月 5 日
9	工业和信息化部等十一部门关于推动新型信息基础设施协调发展有关事项的通知	工信部联通信〔2024〕165 号	2024 年 8 月 29 日
10	关于加快实景三维中国建设和应用的通知	自然资办发〔2024〕55 号	2024 年 12 月 3 日

附表 1-2　部分城市(地区)实景三维政策文件

序号	文件名称	发布城市(地区)/文号	发布日期
1	北京市国民经济和社会发展第十四个五年规划和二〇三五年远景目标纲要	北京	2021 年 1 月
2	北京市"十四五"时期智慧城市发展行动纲要	北京	2021 年 3 月
3	北京市关于加快建设全球数字经济标杆城市的实施方案	北京	2021 年 7 月
4	北京市"十四五"时期智慧城市建设控制性规划要求	北京	2021 年 11 月
5	2023 年市政府工作报告重点任务清单	北京	2023 年 1 月
6	上海市国民经济和社会发展第十四个五年规划和二〇三五年远景目标纲要	上海	2021 年 1 月
7	关于全面推进上海城市数字化转型的意见	上海	2020 年 12 月
8	武汉市"十四五"基础测绘规划	武汉	2021 年 11 月
9	关于加快推进新型智慧城市暨"数字政府"建设 2018 年工作的通知	深府办函〔2018〕154 号	2018 年 9 月
10	深圳市人民政府关于加快智慧城市和数字政府建设的若干意见	深府〔2020〕89 号	2021 年 1 月
11	深圳市测绘地理信息发展"十四五"规划	深圳	2021 年 10 月
12	深圳市数字孪生先锋城市建设行动计划(2023)	深府办函〔2023〕42 号	2023 年 6 月
13	实景三维深圳建设实施方案(2023—2025 年)	深圳	2023 年 5 月
14	青岛市城市云脑建设指引	青智组办字〔2020〕12 号	2020 年 11 月
15	关于加快青岛市城市云脑建设的实施意见	青政办字〔2020〕65 号	2020 年 7 月
16	建设单位申请使用实景三维青岛建设非涉密成果办理流程	青自然资规字〔2022〕88 号	2022 年 5 月
17	数字青岛 2024 年行动方案	青政办字〔2024〕9 号	2024 年 3 月
18	全市三维实景数据库建设方案	宁波	2020 年
19	宁波市数字孪生空间底座建筑实体数据资源建设实施方案	宁波	2023 年
20	宁波市城市级实景三维工程建设实施方案	宁波	2023 年 10 月
21	实景三维常州建设大纲(2021 版)	常州	2021 年 12 月 14 日
22	实景三维常州建设实施方案(2023—2025 年)	常州	2023 年 12 月 22 日
23	常州市"一网统管"城市运行一张图三维数据建设方案	常州	2023 年 5 月 25 日

续表

序号	文件名称	发布城市(地区)/文号	发布日期
24	沈阳市数字政府建设总体规划(2022—2025年)	沈阳	2022年10月28日
25	内江市国民经济和社会发展第十四个五年规划和二〇三五年远景目标纲要	内江	2021年2月23日
26	内江市基础测绘"十四五"规划	内江	2021年9月
27	横琴粤澳深度合作区发展促进条例	横琴粤澳深度合作区	2023年1月
28	横琴粤澳深度合作区总体发展规划	横琴粤澳深度合作区	2023年12月
29	长三角地区一体化发展三年行动计划(2018—2020年)	长三角地区	2018年7月
30	长三角生态绿色一体化发展示范区总体方案	长三角地区	2019年10月26日

附1.2 实景三维建设相关标准规范

附表1-3 实景三维建设相关现行主要国家标准

所属类别	标准号	标准名称	实施日期
总体设计	GB/T 37118-2018	地理实体空间数据规范	2018年12月28日
总体设计	GB/T 40760-2021	地理实体编码 河流	2021年10月11日
采集处理	GB/T 40771-2021	城市不动产三维空间要素表达	2021年10月11日
采集处理	GB/T 41447-2022	城市地下空间三维建模技术规范	2022年4月15日
采集处理	GB/T 41452-2022	车载移动测量三维模型生产技术规程	2022年4月15日
质量控制	GB/T 41454-2022	实景影像数据产品质量检查与验收	2022年4月15日

附表1-4 实景三维建设相关正在制(修)定的国家标准

类型	计划号	项目名称	计划下达日期
总体设计	20142133-T-466	实景三维地理信息数据产品	2014年12月23日
总体设计	20181630-T-466	通用地理实体语义模型基本规范	2018年10月15日
总体设计	20204656-T-466	地理实体空间身份编码规则	2020年12月24日
总体设计	20231729-T-466	地理信息BIM到GIS的概念映射(B2GM)	2023年12月28日
采集处理	20210651-T-466	地理实体分类、施测、派生与关系处理技术规范	2021年4月30日
采集处理	20231727-T-466	地下管线三维数据建模技术规程	2023年12月28日

续表

类型	计划号	项目名称	计划下达日期
采集处理	20240840-T-469	信息技术 数字孪生 第2部分：数字实体	2024年4月25日
平台服务	20240831-T-469	信息技术 大规模场景多视图三维重建系统技术规范	2024年4月25日

附表1-5 实景三维建设相关现行主要行业标准

类别	标准号	标准名称	实施日期
总体设计	CH/T 9015—2012	三维地理信息模型数据产品规范	2013年1月1日
采集处理	CH/T 3020—2018	实景三维地理信息数据激光雷达测量技术规程	2019年1月1日
采集处理	CH/T 3026—2023	实景三维数据倾斜摄影测量技术规程	2023年6月1日
采集处理	CH/T 9016—2012	三维地理信息模型生产规范	2013年1月1日
采集处理	CH/T 9017—2012	三维地理信息模型数据库规范	2013年1月1日
采集处理	CH/Z 9031—2021	室内三维测图数据获取与处理技术规程	2021年8月1日
采集处理	CJJ/T 157—2010	城市三维建模技术规范	2011年10月1日
平台服务	CJJ/T315—2022	城市信息模型基础平台技术标准	2022年6月1日
质量控制	CH/T 9024—2014	三维地理信息模型数据产品质量检查与验收	2014年12月18日

附表1-6 实景三维建设相关正在制(修)定的行业标准

类别	计划号	标准名称	计划下达日期
总体设计	202132004	地理场景数据元数据	2021年10月25日
总体设计	202132006	基础地理实体数据元数据	2021年10月25日
总体设计	202132007	基础地理实体数据成果规范	2021年10月25日
总体设计	202332014	地理实体空间身份编码服务技术规范	2023年7月24日
总体设计	202132008	基础地理实体分类、粒度及精度基本要求	2021年10月25日
采集处理	202132009	1∶500 1∶1000 1∶2000数字线划图生产地理实体数据技术规程	2021年10月25日
采集处理	202232016	优视摄影测量技术规范	2022年9月6日
平台服务	202332021	实景三维数据接口及服务发布技术规范	—
质量控制	202132012	三维地理信息模型数据产品质量检查与验收	2021年10月25日

附表 1-7　实景三维建设相关现行主要地方标准

类别	标准编号	归口单位/主管部门	标准名称	实施日期
总体设计	DB11/T 2254—2024	北京市规划和自然资源委员会	基础地理实体分类与代码	2024年10月1日
总体设计	DB31/T 1476—2024	上海市市场监督管理局	空间地理要素编码规范	2024年9月1日
总体设计	DB31/T 1477—2024	上海市市场监督管理局	空间地理数据归集技术要求	2024年9月1日
总体设计	DB32/T 4156—2021	江苏省自然资源厅	实景三维地理信息元数据规范	2022年1月9日
总体设计	DB32/T 4292—2022	江苏省自然资源厅	警用通用地理实体分类与代码	2022年7月10日
总体设计	DB32/T 4314—2022	江苏省自然资源厅	不动产三维模型与电子证照规范	2022年8月19日
总体设计	DB33/T 934—2014	浙江省质量技术监督局	三维数字地图技术规范	2014年9月25日
总体设计	DB35/T 1492—2015	福建省信息化标准化技术委员会	三维地理信息系统技术规范	2015年6月1日
总体设计	DB35/T 1644—2017	福建省信息化标准化技术委员会	人文地理实体地名通名使用规范	2017年5月8日
总体设计	DB36/T 1452—2021	江西省测绘地理信息标准化技术委员会	城镇地理实体空间数据规范	2022年3月1日
总体设计	DB50/T 871—2018	重庆市规划局	地面实景影像数据规范	2018年10月1日
总体设计	DB51/T 2280—2016	四川省测绘地理信息局	地理信息公共服务平台数据规范第2部分：地理实体数据	2017年1月1日
总体设计	DB64/T 1987—2024	宁夏回族自治区市场监督管理厅	地理实体数据规范	2024年5月4日
总体设计	DB64/T 2001—2024	宁夏回族自治区市场监督管理厅	实景三维数据成果规范	2024年8月6日
总体设计	DB1403/T 18—2023	阳泉市测绘地理信息标准化技术委员会	地理实体数据规范	2023年1月10日
总体设计	DB3702/T 0016.1—2023	青岛市自然资源和规划局	实景三维青岛建设技术规范 第1部分:总体要求	2023年1月20日

续表

类别	标准编号	归口单位/主管部门	标准名称	实施日期
总体设计	DB4403/T 192—2021	深圳市前海深港现代服务业合作区管理局	三维产权体数据规范	2021年11月1日
总体设计	DB4403/T 339—2023	深圳市规划和自然资源局	城市级实景三维数据规范	2023年7月1日
总体设计	DB6301/T 3—2023	西宁市市场监督管理局	地理实体数据规范	2023年6月6日
总体设计	—	上海市规划和自然资源局 江苏省自然资源厅 浙江省自然资源厅 长三角生态绿色一体化发展示范区执行委员会	长三角生态绿色一体化发展示范区基础地理信息数据标准 第1部分：要素分类与代码	2022年9月9日
总体设计	—	上海市规划和自然资源局 江苏省自然资源厅 浙江省自然资源厅 长三角生态绿色一体化发展示范区执行委员会	长三角生态绿色一体化发展示范区基础地理信息数据标准 第2部分：要素数据字典	2022年9月9日
总体设计	—	上海市规划和自然资源局 江苏省自然资源厅 浙江省自然资源厅 长三角生态绿色一体化发展示范区执行委员会	长三角生态绿色一体化发展示范区基础地理信息数据标准 第3部分：要素转换标准	2022年9月9日
采集处理	DB11/T 1796—2020	北京市文物局	文物建筑三维信息采集技术规程	2021年4月1日
采集处理	DB11/T 1922—2021	北京市文物局	文物三维数字化技术规范 器物	2022年4月1日
采集处理	DB12/T 1092—2021	天津市市场监督管理委员会	航空实景影像三维数据生产技术规程	2021年12月1日
采集处理	DB23/T 3437—2023	黑龙江省市场监督管理局	城市实景三维建模技术规程	2023年8月4日
采集处理	DB32/T 4662—2024	江苏省自然资源厅	实景三维地理场景更新规范	2024年2月9日

续表

类别	标准编号	归口单位/主管部门	标准名称	实施日期
采集处理	DB34/T 3713—2020	安徽省交通运输厅	公路工程无人机倾斜摄影测量技术规程	2020年12月27日
采集处理	DB34/T 4380—2023	安徽省自然资源厅	自然资源和不动产三维立体调查登记规范	2023年4月1日
采集处理	DB35/T 2172—2024	福建省自然资源厅	城市部件地理实体三维激光数据采集与处理规范	2024年8月9日
采集处理	DB37/T 2911—2017	山东省质量技术监督局	三维激光扫描沙滩地形测量技术规程	2017年3月10日
采集处理	DB37/T 4218—2020	山东省市场监督管理局	海岸带三维全景地面移动激光测量作业技术规程	2021年1月30日
采集处理	DB42/T 1506—2019	湖北省市场监督管理局	三维实体模型 参数化建模技术规范	2019年7月8日
采集处理	DB42/T 2099—2023	湖北省市场监督管理局	基于倾斜摄影测量的城市级实景三维地理场景模型生产技术规程	2023年11月27日
采集处理	DB50/T 393—2011	重庆市规划局	城市三维建模技术规范	2011年6月1日
采集处理	DB50/T 831—2018	重庆市规划局	建筑信息模型与城市三维模型信息交换与集成技术规范	2018年6月1日
采集处理	DB50/T 1264—2022	重庆市规划和自然资源局	道路信息模型与城市三维模型信息交换与集成技术规范	2022年9月10日
采集处理	DB64/T 1988—2024	宁夏回族自治区市场监督管理厅	地理实体数据生产规程	2024年5月4日
采集处理	DB1403/T 19.1—2023	阳泉市测绘地理信息标准化技术委员会	地理实体数据生产技术规程 第1部分：存量数据实体化	2023年1月10日
采集处理	DB3306/T 054.1—2023	绍兴市自然资源和规划局	城市级实景三维建设技术规范 第1部分：地理场景建设	2023年9月18日

续表

类别	标准编号	归口单位/主管部门	标准名称	实施日期
采集处理	DB3702/T 0016.2—2023	青岛市自然资源和规划局	实景三维青岛建设技术规范 第2部分：三维模型数据采集与处理	2023年1月20日
采集处理	DB3702/T 0016.4—2023	青岛市自然资源和规划局	实景三维青岛建设技术规范 第4部分：三维模型数据更新	2023年1月20日
采集处理	DB3702/T 0016.5—2023	青岛市自然资源和规划局	实景三维青岛建设技术规范 第5部分：基础地理实体数据生产	2023年1月20日
采集处理	DB3713/T 292—2023	临沂市自然资源和规划局	基础地理实体数据生产技术规程	2023年9月22日
建库管理	DB22/T 3243—2021	吉林省市场监督管理厅	城市地理实体数据库建设技术规范	2021年6月15日
建库管理	DB1310/T 232—2020	廊坊市市场监督管理局	城市三维数据入库规范	2020年11月16日
平台服务	DB32/T 3867—2020	江苏省自然资源厅	三维地理信息数据服务规范	2020年11月13日
平台服务	DB3702/T 0016.6—2023	青岛市自然资源和规划局	实景三维青岛建设技术规范 第6部分：应用服务系统	2023年1月20日
质量控制	DB23/T 2646—2020	黑龙江省市场监督管理局	测绘地理信息成果质量检查与验收 第4部分：实景三维模型	2020年7月22日
质量控制	DB36/T 1985.1—2024	江西省自然资源标准化技术委员会	实景三维成果质量检验技术规程 第1部分：Mesh、单体模型	2024年12月1日
质量控制	DB43/T 1769—2020	湖南省市场监督管理局	机载倾斜摄影三维地理信息模型数据成果质量检验技术规程	2020年8月15日
质量控制	DB51/T 2273—2016	四川省测绘地理信息局	测绘地理信息类三维模型产品质量检查与验收	2017年1月1日
质量控制	DB64/T 1992—2024	宁夏回族自治区市场监督管理厅	地理实体空间数据质量检验技术规程	2024年5月4日
质量控制	DB3702/T 0016.3—2023	青岛市自然资源和规划局	实景三维青岛建设技术规范 第3部分：三维模型数据质量检查与验收	2023年1月20日

附表 1-8　实景三维建设相关现行主要团体标准

类别	标准编号	发布团体	标准名称	公布日期
总体设计	T/CSGPC 006—2022	中国测绘学会	实景三维 森林防火数据要求	2023年3月13日
总体设计	T/CSGPC 025—2024	中国测绘学会	城镇燃气管线地理实体数据规范	2024年5月8日
总体设计	T/CSGPC 028—2024	中国测绘学会	实景三维 工程规划设计方案辅助论证技术要求	2024年6月18日
采集处理	T/CECS G：H11—02—2022	中国工程建设标准化协会	公路勘测实景三维测量标准	2023年8月31日
采集处理	T/GAAI 003—2023	广西人工智能学会	倾斜摄影测量实景三维建模技术规程	2023年6月21日
采集处理	T/CEC 299—2020	中国电力企业联合会	变电站地面激光雷达实景三维模型重构技术导则	2022年6月5日
采集处理	T/CPUMT 0032022	中国和平利用军工技术协会	基于实景三维模型的数字测图技术规范	2022年4月28日
采集处理	T/CPUMT 002—2022	中国和平利用军工技术协会	基于倾斜航空摄影的实景三维模型构建技术规范	2022年4月28日
采集处理	T/SIA 021—2021	中国软件行业协会	实景三维空间采集重建的虚拟现实(VR)技术指南	2021年3月26日
采集处理	T/90001.1—2020	上海市测绘地理信息学会	基于地理实体的全息要素采集与建库 第1部分：智能化全息测绘数据采集	2020年3月9日
采集处理	T/90001.2—2020	上海市测绘地理信息学会	基于地理实体的全息要素采集与建库 第2部分：地理实体分类与编码	2020年3月9日
采集处理	T/90001.3—2020	上海市测绘地理信息学会	基于地理实体的全息要素采集与建库 第3部分：基础地理实体数据规范	2020年3月9日

续表

类别	标准编号	发布团体	标准名称	公布日期
采集处理	T/90001.4—2020	上海市测绘地理信息学会	基于地理实体的全息要素采集与建库 第4部分：基础地理信息要素分类与代码	2020年3月9日
采集处理	T/90001.5—2020	上海市测绘地理信息学会	基于地理实体的全息要素采集与建库 第5部分：数据字典	2020年3月9日
平台服务	T/QGCML 4228—2024	全国城市工业品贸易中心联合会	3D实景三维应用平台软件	2024年5月13日

附录 2 中国地理信息产业协会实景三维相关软件测评结果

为积极推进地理信息产业高质量发展,助力数字中国建设,为相关行业或重大工程提供成熟、合格的实景三维软件产品,根据市场、用户和相关部门的需求,按照自然资源部关于全面推进实景三维中国建设的相关文件精神,中国地理信息产业协会分别于2023年、2024年开展了实景三维相关软件测评工作,测评结果见下表。

附表 2-1 Mesh 三维模型数据生产类通过软件

序号	产品名称	单位名称	底层代码/平台来源	测评年度
1	重建大师软件（GET3D Cluster）V6.1.15	武汉大势智慧科技有限公司	自主研发	2023
2	SmartEarth 遥感像素工厂 V7.6	泰瑞数创科技（北京）股份有限公司	自主研发	2023
3	瞰景 Smart3D 真三维实景建模系统软件 V2023	瞰景科技发展（上海）有限公司	自主研发	2023
4	苍穹三维模型数据生产系统 V1.0	苍穹数码技术股份有限公司	自主研发	2023
5	高分辨率卫星影像地形地貌场景生产软件（PG-Mesh）V1.0	中国测绘科学研究院	自主研发	2023
6	天际航自动建模系统（DP-Smart）V2.0	武汉天际航信息科技股份有限公司	自主研发	2023
7	天工航空影像三维建模系统 V7.24.0714	武汉讯图时空软件科技有限公司	全部自主研发	2024
8	南方航测一体化处理软件（SouthUAV）V2.0	广州南方测绘科技股份有限公司	全部自主研发	2024

附表 2-2 三维表达的基础地理实体数据采集生产类通过软件

序号	产品名称	单位名称	底层代码/平台来源	测评年度
1	SVSGeoModeler 地理实体建模软件 V2.0	武汉智觉空间信息技术有限公司	自主研发	2023
2	一站式单体化处理系统 SummitSolid V1.0	武汉峰岭科技有限公司	自主研发	2023
3	南方数码三维地理实体采集与建模软件 V3.0	广东南方数码科技股份有限公司	自主研发	2023

续表

序号	产品名称	单位名称	底层代码/平台来源	测评年度
4	天际航图像快速建模系统（DP-Modeler）V3.0	武汉天际航信息科技股份有限公司	自主研发	2023
5	SmartEarth 三维实体建模软件（SE Generator）V4.2	泰瑞数创科技（北京）股份有限公司	自主研发	2023
6	LiDAR360 Suite 7.0	北京数字绿土科技股份有限公司	自主研发	2023
7	GEOWAY Real3D 实景三维处理软件 V2.0	北京吉威数源信息技术有限公司	自主研发	2023
8	实景三维建模大师系统 V2.0	长沙市规划信息服务中心	全部自主研发	2024
9	南方测绘地理实体数据生产软件 V1.0	广州南方测绘科技股份有限公司	全部自主研发	2024
10	基于倾斜摄影测量技术的建筑物精细建模软件 V1.0	四川视慧智图空间信息技术有限公司	全部自主研发	2024

附表 2-3　二维表达的基础地理实体数据转换生产类通过软件

序号	产品名称	单位名称	底层代码/平台来源	测评年度
1	南方数码地理实体转化生产软件 V3.0	广东南方数码科技股份有限公司	自主研发	2023
2	GEOWAY Entity 地理实体生产软件 V1.0	北京吉威数源信息技术有限公司	自主研发	2023
3	吉奥地理实体生产系统 V1.0	吉奥时空信息技术股份有限公司	自主研发	2023
4	苍穹地理实体生产系统 V1.0	苍穹数码技术股份有限公司	自主研发	2023
5	南方智能基础地理信息数据生产软件（SmartGIS Survey）V4.0	广州南方智能技术有限公司	自主研发	2023
6	地理实体数据生产系统（OneDataPro GeoEntity）V1.0	自然资源部第三航测遥感院	第三方商业软件平台研发	2023
7	EPSE 地理实体工作站平台 V2.0	北京山维科技股份有限公司	自主研发	2023
8	天际航实景三维测图系统（DP-Mapper）V3.0	武汉天际航信息科技股份有限公司	自主研发	2023

续表

序号	产品名称	单位名称	底层代码/平台来源	测评年度
9	SmartEarth 二维实体建模软件（SE Editor）V1.0.3	泰瑞数创科技（北京）股份有限公司	自主研发	2023
10	实景三维基础地理实体数据生产软件 V1.0	北京图拓扑科技有限公司	第三方商业软件平台研发	2023
11	基础地理实体转换生产一体化平台	自然资源部第六地形测量队	第三方商业软件平台研发	2023
12	新型基础测绘实体转换工具 V1.1.0	湖北金拓维信息技术有限公司	基于开源平台研发	2023
13	PIE-GeoEnt 地理实体生产系统 V1.0	航天宏图信息技术股份有限公司	自主研发	2023
14	一站式智能成图平台 V1.0	武汉峰岭科技有限公司	全部自主研发	2024
15	MapMatrix Grid 多源地理数据综合处理集群平台 V3.0	武汉航天远景科技股份有限公司	全部自主研发	2024
16	基础地理信息要素数据实体化转换软件 V1.0	湖南省第一测绘院	基于开源平台研发	2024
17	地理信息数据实体化软件系统 V1.0	自然资源部陕西基础地理信息中心	基于开源平台研发	2024
18	南方测绘地理实体数据生产软件 V1.0	广州南方测绘科技股份有限公司	全部自主研发	2024

附表 2-4　实景三维数据轻量化处理类通过软件

序号	产品名称	单位名称	底层代码/平台来源	测评年度
1	苍穹实景三维数据轻量化处理系统 1.0	苍穹数码技术股份有限公司	自主研发	2023
2	轻量化大师软件 1.5.1	武汉大势智慧科技有限公司	自主研发	2023
3	星际三维地理信息基础平台（STARGIS EARTH）V3	星际空间（天津）科技发展有限公司	自主研发	2023
4	实景三维数据轻量化软件（GEO-WAY Real3DBuilder）V1.0	北京吉威数源信息技术有限公司	自主研发	2023

续表

序号	产品名称	单位名称	底层代码/平台来源	测评年度
5	PIE-3D Real Scene Lightweight 航天宏图实景三维数据轻量化软件	航天宏图信息技术股份有限公司	自主研发	2023
6	DTBuilder 多源数据轻量化转换与集成软件 V1.3	四川视慧智图空间信息技术有限公司	自主研发	2023
7	南方数码实景三维数据轻量化软件 V1.0	广东南方数码科技股份有限公司	自主研发	2023
8	吉奥地理信息服务平台软件 V8.0	吉奥时空信息技术股份有限公司	自主研发	2023
9	三维数据轻量化工具集 V1.0	北京市测绘设计研究院	自主研发	2023
10	实景三维数据轻量化处理软件 V1.0	中国测绘科学研究院	自主研发	2023
11	南方智能地理信息桌面平台（SmartGIS pro）V2.0	广州南方智能技术有限公司	自主研发	2023
12	iFreedo Desktop V4.0	北京飞渡科技股份有限公司	自主研发	2023
13	实景三维智能处理系统（DP-ToolKits）V1.0(轻量化模块)	武汉天际航信息科技股份有限公司	自主研发	2023
14	SceneGIS-Datatools V1.0.0	南京市测绘勘察研究院股份有限公司	自主研发	2023
15	GeoScene 专业桌面软件 V4.0	易智瑞信息技术有限公司	买断的源代码研发	2023
16	GreatMap 实景三维数据轻量化处理软件 V1.0	北京天耀宏图科技有限公司	基于开源平台研发	2024
17	南方测绘实景三维数据轻量化软件 V1.0	广州南方测绘科技股份有限公司	全部自主研发	2024
18	实景三维数据轻量化软件（Kys3DLite）V1.0	自然资源部经济管理科学研究所	基于开源平台研发	2024
19	兰德数码实景三维数据轻量化工具集 V3.1	江苏兰德数码科技有限公司	全部自主研发	2024
20	GooDGIS Desktop 2.0	广东国地规划科技股份有限公司	基于开源平台研发	2024

附表 2-5　实景三维数据管理类通过软件

序号	产品名称	单位名称	底层代码/平台来源	测评年度
1	苍穹实景三维数据管理系统 V1.0	苍穹数码技术股份有限公司	自主研发	2023
2	智成时空实景三维数据管理系统 V2.0.0	智成时空(西安)创新科技有限公司	自主研发	2023
3	吉奥时空数据库管理系统 V1.0	吉奥时空信息技术股份有限公司	自主研发	2023
4	实景三维数据库管理系统(GEO-WAY Real3DStore)V1.0	北京吉威数源信息技术有限公司	基于开源平台研发	2023
5	星际三维地理信息基础平台(STARGIS EARTH)V3	星际空间(天津)科技发展有限公司	自主研发	2023
6	南方数码实景三维成果管理与服务系统 V1.0	广东南方数码科技股份有限公司	第三方商业软件平台研发	2023
7	南方数码实景三维数据库管理系统 V1.0	广东南方数码科技股份有限公司	自主研发	2023
8	实景三维数据管理系统(数管系统)V2.0	武汉天际航信息科技股份有限公司	自主研发	2023
9	实景三维时空大数据管理系统 V2.0	易智瑞信息技术有限公司	买断的源代码研发	2023
10	智成时空三维实景 GIS 桌面软件 V3.1.0	智成时空(西安)创新科技有限公司	全部自主研发	2024
11	SmartEarth 实景三维数据库系统 V5.0	泰瑞数创科技(北京)股份有限公司	全部自主研发	2024
12	实景三维平台 V4.0	众智软件股份有限公司	全部自主研发	2024
13	兰德数码实景三维数据管理与服务系统 V2.1	江苏兰德数码科技有限公司	全部自主研发	2024
14	南方测绘实景三维管理服务系统 V1.0	广州南方测绘科技股份有限公司	全部自主研发	2024
15	实景三维数据管理系统 V1.0	自然资源部陕西基础地理信息中心	基于开源平台研发	2024
16	实景三维数据管理系统(KysDBMS)V1.0	自然资源部经济管理科学研究所	基于开源平台研发	2024

附表 2-6　实景三维数据可视化与分析应用类通过软件

序号	产品名称	单位名称	底层代码/平台来源	测评年度
1	二三维一体化服务平台 V3.0	浙江臻善科技股份有限公司	基于开源平台研发	2023
2	吉奥地理实体一体化管理服务系统 1.0	吉奥时空信息技术股份有限公司	基于开源平台研发	2023
3	实景大数据可视化软件 V1.0	中科星图智慧科技有限公司	自主研发	2023
4	苍穹实景三维可视化在线应用系统 1.0	苍穹数码技术股份有限公司	自主研发	2023
5	GeoTwin Cloud 2309	深圳吉欧数云科技有限责任公司	自主研发	2023
6	吉嘉时空实景三维平台 V1.0	武汉吉嘉时空信息技术有限公司	自主研发	2023
7	实景三维综合服务平台 V2.0	易智瑞信息技术有限公司	买断的源代码研发	2023
8	EPS Planet 山维星球标准版 V1.0	北京山维科技股份有限公司	自主研发	2023
9	实景三维可视化平台软件（GEOWAY Real3DVision）V1.0	北京吉威数源信息技术有限公司	基于开源平台研发	2023
10	实景三维可视化与分析平台 V2.0.0	湖北金拓维信息技术有限公司	基于开源平台研发	2023
11	中智实景三维辅助决策平台 V1.0	长沙市中智信息技术开发有限公司	基于开源平台研发	2023
12	南方数码实景三维可视化平台 V1.0	广东南方数码科技股份有限公司	基于开源平台研发	2023
13	DTS Explorer V5.0	北京飞渡科技股份有限公司	自主研发	2023
14	集景实景三维基础平台 1.0	重庆市测绘科学技术研究院	自主研发	2023
15	星际三维地理信息基础平台（STARGIS EARTH）V3	星际空间(天津)科技发展有限公司	自主研发	2023
16	Q3D 时空信息平台 V1.0	青岛市勘察测绘研究院	第三方商业软件平台研发	2023
17	实景三维多源数据融合可视化与分析平台 V2.0	陕西天润科技股份有限公司	自主研发	2023
18	SmartEarth WebSDK 二次开发组件平台 V1.0	泰瑞数创科技(北京)股份有限公司	自主研发	2023

续表

序号	产品名称	单位名称	底层代码/平台来源	测评年度
19	实景三维展示应用系统 V1.0	江苏兰德数码科技有限公司	基于开源平台研发	2023
20	PIE-3DRSVMP 实景三维可视化管理平台	航天宏图信息技术股份有限公司	自主研发	2023
21	广西实景三维平台 V1.0	广西壮族自治区自然资源遥感院	自主研发	2023
22	时空遥感大数据三维平台 EV-Globe V5.0	北京国遥新天地信息技术股份有限公司	自主研发	2023
23	实景三维平台时空数据管理系统 1.0	北京世纪高通科技有限公司	自主研发	2023
24	天际航 AR 增强现实系统（AR-Explorer）V4.1	武汉天际航信息科技股份有限公司	自主研发	2023
25	GeokeyGIS	深圳市地质环境研究院有限公司	自主研发	2023
26	SceneGIS-Explorer V1.0.0	南京市测绘勘察研究院股份有限公司	基于开源平台研发	2023
27	iSpace 同创数智可视化展示平台 V2.0	同创数字空间(北京)有限公司	基于开源平台研发	2023
28	多维城市信息平台 V1.0	河南省中纬测绘规划信息工程有限公司	基于开源平台研发	2023
29	Speed 实景三维可视化与分析平台 V1.0	速度科技股份有限公司	基于开源平台研发	2023
30	数慧时空实景三维地球产品 V1.0	北京数慧时空信息技术有限公司	自主研发	2023
31	NBearth 实景三维平台 V1.0.0	中色蓝图科技股份有限公司	基于开源平台研发	2023
32	智行者三维地理信息公共服务平台 V2.0	北京中子星辰软件科技有限公司	基于开源平台研发	2023
33	三维地图引擎软件（SkySea Earth）V1.0	厦门天海图汇信息科技有限公司	基于开源平台研发	2023

续表

序号	产品名称	单位名称	底层代码/平台来源	测评年度
34	南方测绘实景三维数据可视化与分析应用系统 V1.0	广州南方测绘科技股份有限公司	全部自主研发	2024
35	gInfer 实景三维可视化平台 V2.0	北京市测绘设计研究院	基于开源平台研发	2024
36	D-map 时空大数据平台 V2.0	大连市勘察测绘研究院集团有限公司	基于开源平台研发	2024
37	GreatMap 实景三维可视化与分析应用软件 V1.0	北京天耀宏图科技有限公司	基于开源平台研发	2024
38	芥子三维时空数据服务平台 V1.0	青岛市西海岸基础地理信息中心有限公司	基于开源平台研发	2024
39	实景三维可视化与分析系统（TooMap iClient3D）V1.0	自然资源部四川基础地理信息中心	基于开源平台研发 基于买断的源代码开发	2024
40	实景三维在线服务系统 V1.0	长沙市规划信息服务中心	全部自主研发	2024
41	数生·城市 V1.0.0	深圳数生科技有限公司	全部自主研发	2024
42	物联地图桌面应用管理平台（IoTMapDesktop）V1.0	贵州北斗空间信息技术有限公司	基于开源平台研发	2024
43	实景三维可视化应用分析系统 V1.0	北京新兴华安智慧科技有限公司	基于开源平台研发	2024
44	元图实景三维可视化平台 V1.0	北京元图科技发展有限公司	基于开源平台研发	2024
45	地学之窗时空大数据平台（GeoWindows）V12	中国测绘科学研究院	基于开源平台研发	2024
46	数字孪生城市操作系统 V1.0	北京市城市规划设计研究院	全部自主研发	2024
47	实景三维服务系统 V1.0	山东省国土测绘院	基于第三方商业软件平台研发	2024
48	实景三维应用分析与展示系统（Kys3D）V1.0	自然资源部经济管理科学研究所	基于开源平台研发	2024
49	视慧数字孪生可视化应用软件（DTGlobe）V1.0	四川视慧智图空间信息技术有限公司	全部自主研发	2024

附表 2-7　通用地理信息数据检查类通过软件

序号	产品名称	单位名称	底层代码/平台来源	测评年度
1	南方数码地理信息数据检查软件 V3.1	广东南方数码科技股份有限公司	全部自主研发	2024
2	南方测绘地理信息数据质检软件 V1.0	广州南方测绘科技股份有限公司	全部自主研发	2024
3	智检大师-地形级基础地理实体质量检查系统 V1.0	浙江省测绘科学技术研究院	基于第三方商业软件平台研发	2024
4	实景三维质检系统（DP-quality）V1.0	武汉天际航信息科技股份有限公司	全部自主研发	2024
5	实景三维基础地理实体成果数据质量检查软件 V1.0	北京图拓扑科技有限公司	基于第三方商业软件平台研发	2024
6	龙信空间数据智能检查平台 V1.0	黑龙江地理信息工程院	基于开源平台研发	2024
7	数据成果质量检查软件 V1.0	北京新兴华安智慧科技有限公司	全部自主研发	2024
8	苍穹地理信息数据质量检查系统 1.0	苍穹数码技术股份有限公司	全部自主研发	2024
9	SE Editor 二维地理实体建模软件 V5.0	泰瑞数创科技（北京）股份有限公司	全部自主研发	2024

附表 2-8　通用地理信息数据检查类通过软件

序号	产品名称	单位名称	底层代码/平台来源	测评年度
1	遥感影像智能不变检测系统软件（ACID）V1.3	中国测绘科学研究院	全部自主研发	2024
2	南方数码遥感影像解译和变化检测软件 V1.0	广东南方数码科技股份有限公司	全部自主研发	2024
3	苍穹遥感影像智能解译平台 V1.0	苍穹数码技术股份有限公司	全部自主研发	2024
4	遥感影像人机协同智能解译系统 FeatureStatioin V1.0	中国测绘科学研究院	全部自主研发	2024

续表

序号	产品名称	单位名称	底层代码/平台来源	测评年度
5	天际航自然资源智能检测系统（智能监测系统）V1.0	武汉天际航信息科技股份有限公司	全部自主研发	2024
6	SuperMap iDesktopX 11i(2024)	北京超图软件股份有限公司	全部自主研发	2024
7	遥感影像智能解译平台 V1.0	长沙市规划信息服务中心	全部自主研发	2024
8	SmartEye AI 时空信息处理平台 V1.0	泰瑞数创科技（北京）股份有限公司	全部自主研发	2024

附录 3 部分城市/区域实景三维数据成果

附表 3-1 部分城市/区域实景三维数据成果（截至 2024 年 8 月）

城市	地形级实景三维	城市级实景三维	部件级实景三维
北京市	(1) 全市行政区域 16400 平方千米、分辨为 0.5~0.8 米的 DOM，每月一期 (2) 五环外区域 15800 平方千米、分辨率 0.1 米的快拼 DOM，每年一期 (3) 五环外区域、分辨率 2 米的 DEM、DSM	(1) 全市 16400 平方千米区域二维表达形式基础地理实体以及建筑物线框式白模 (2) 首都功能核心区 92.5 平方千米区域三维形式表达基础地理实体 (3) 城市副中心 155 平方千米区域、怀柔科学城 100.9 平方千米及周边区域 0.05 米分辨率的倾斜摄影 Mesh 模型	(1) 约 30 平方千米的地上地下、室内室外实体，包括首都功能核心区道路设施、分层分户模型等部件级数据 (2) 丽泽商务区、副中心运河商务区及三庙一塔、怀柔科学城雁栖湖数学研究院等区域分层分户及地下管线模型
上海市	徐汇区 DOM、DEM	徐汇区倾斜模型、城市规划模型、三维 Mesh 模型等城市级实景三维数据	(1) 徐汇区住宅小区分层分户模型全覆盖，共计覆盖全区 3.7 万幢建筑，完成全区住宅小区 24265 个门栋分栋模型、50 万个户室分层分户模型 (2) 徐汇区西岸区域 53 个重点楼宇精细模型 (3) 西岸智塔等示范重点楼宇的分层模型 (4) 徐汇区地下管网三维模型建设，包括电、水、气、通信等六大类市政管线空间信息，共计 4000 千米
武汉市	(1) 全市域分辨率优于 0.5 米的 DEM 和 DSM (2) 全市域三维地质结构模型	(1) 中心城区及三个开发区超 2000 平方千米影像分辨率优于 0.03 米倾斜摄影三维模型 (2) 全市域 LOD2.2 级白模 (3) 全市 25 条重要保障线路、江汉区以及东湖高新区核心区域的主次干道分辨率不低于 4K 的视频流全景地图	(1) 江汉区和东湖高新区部分区域的 100 平方千米倾斜三维单体化模型 (2) 全市 4000 千米市政道路部件仿真三维模型 (3) 主城区 202 个地铁站点及区间的仿真三维模型 (4) 中心城区 4.56 万千米的地下管线仿真三维模型

续表

城市	地形级实景三维	城市级实景三维	部件级实景三维
青岛市	(1) 全市域 11000 平方千米二维底图 (2) 全市域 11000 平方千米 0.15 米分辨率倾斜摄影方式建设三维模型 (3) 崂山、大泽山、藏马山、铁橛山、小珠山等重点山林 800 平方千米激光点云数据	青岛市辖七区 1290 平方千米 0.03 米分辨率倾斜摄影三维模型，建筑单体、道路、部件设施模型	市南区 2 平方千米精细化场景（包括建筑物实体、以及公共设施、道路交通、市容环境、园林绿化、扩展市政设施等 5 类实体化模型）
宁波市	全市域优于 0.2 米的地形级实景三维数据	(1) 全市开发边界内 1122 平方千米全要素基础地理实体数据 (2) 全市 622 平方千米的建（构）筑物	(1) 全市 6.6 万千米地下管线三维化建模 (2) 82 类 390 万个部件模型建设
德清县	(1) 930 平方千米 1 米 DEM，每季度更新 (2) 930 平方千米 0.05 米 DOM，每季度更新	全县范围内 0.05 米分辨率 Mesh 模型和分层分户模型	德清地理信息小镇建成区 5 平方千米室内外分层模型、地下管网三维模型及地下停车场等部件级实景三维模型
常州市	(1) 全市城镇开发边界和重点区域 0.05 米 TDOM、其他区域 0.1 米 DOM (2) 全市域 2 米 DEM、DSM	(1) 重点区域 0.03 米分辨率、其他区域 0.05 米的倾斜摄影三维模型 (2) 全市覆盖约 65 万栋建筑物三维白模	历史文化街区盛宣怀故居、周有光故居等古建筑的部件级三维模型
烟台市	(1) 全市陆域及近海主要岛屿 1.4 万平方千米 0.1 米分辨率地形级地理场景数据 (2) 烟台市城市规划区约 1077 平方千米范围三维可视化地质模型	(1) 1428.09 平方千米范围内优于 0.05 米分辨率 Mesh 模型、DOM (2) 1428.09 平方千米范围内城市级基础地理实体 (3) 城区部分重点区域精细程度优 LOD3 的三维地理实体数据	试点区域建设内容：过街天桥、售货亭、治安岗亭、报刊亭、垃圾桶、装饰照明灯、道路照明灯等要素

续表

城市	地形级实景三维	城市级实景三维	部件级实景三维
黄山市	全市域 DEM、DSM	中心城区宗地、自然幢、户等不动产地理实体，黄山风景区、横江、汉水等自然资源地理实体，包含 4175 宗国有建设用地使用权宗地地理实体、9718 个自然幢地理实体、175026 户地理实体、10184 宗宅基地使用权宗地地理实体、21339 个农村自然幢地理实体	(1)地下管线地理实体数据 (2)8 处徽派重点文物古建筑部件模型 (3)152 个地下国有建设用地使用权宗地地理实体
沈阳市	(1)全域 12860 平方千米范围分辨率优于 0.2 米的 DOM (2)全市域 1 米 DEM (3)全市域 1 米 DSM	四环范围内约 1455 平方千米区域地面分辨率优于 0.05 米的实景三维模型	(1)三环内主干路和快速路约 851 千米的道路部件级实景三维模型 (2)140 处市级以上文物建筑以及沈阳市已公布的 236 处历史建筑的实景三维模型构建
榆林市	全市域 4.3 万平方千米 2 米更 DEM、DSM、0.2 米 DOM、2 米遥感影像	(1)市中心城区、横山区城区、县(市)城区等区域城镇开发边界范围内优于 0.05 米分辨率的倾斜摄影影像 DOM； (2)中心城区和横山区城区城镇开发边界范围内 537 平方千米 Mesh 三维模型 (3)135 平方千米的城市三维模型(LOD1.3 级) (4)重点区域约 5 平方千米城市精细化三维模型	(1)中心城区城市主次干道约 190 千米道路及路灯、公交站牌、垃圾桶等道路附属设施部件模型 (2)中心城区分层分户部件三维模型 (3)榆林市会展中心和体育中心 BIM 模型
重庆市	0.5 米分辨率 DOM，2 米格网 DEM	全市乡镇街道人员密集区域 0.05 米分辨率倾斜摄影三维 MESH 模型	典型建筑分层分户和室内结构建模
内江市	(1)城镇开发边界 131 平方千米优于 0.03 米分辨率的倾斜航空影像和不少于 16 点/平方米的机载雷达点云数据 (2)城镇开发边界 0.5 米 DEM、0.05 米 DOM	(1)城镇开发边界范围内优于 0.03 米的 Mesh 模型 (2)城镇开发边界范围内 LOD2.3 级别的建筑物单体化模型 (3)1∶500 数字线划图及相应基础地理实体数据	—

续表

城市	地形级实景三维	城市级实景三维	部件级实景三维
深圳市	（1）全市域 1 米 DEM 和 DSM，每年更新一次 （2）全市域 0.1 米 DOM，每年更新一次	（1）全市域约 2000 平方千米实景三维 Mesh 模型，局部区域构建了全要素单体化模型 （2）试点区域约 190 平方千米范围建(构)筑物单体化模型	（1）试点区域 2200 栋建筑物分层分户模型 （2）全市 3000 多栋既有重要建筑基于 BIM 逆向生成精细三维模型 （3）建设全市约 6000 千米市政道路、约 500 千米地铁沿线 300 余座车站和枢纽部件级实景三维模型
横琴	（1）合作区范围 106 平方千米 0.5 米格网 DEM、DSM 数据，及 0.05 米 DOM （2）基础地理实体建设	（1）合作区范围约 106 平方千米 Mesh 模型、主要变化区域约 20 平方千米优于 0.03 米的倾斜影像年度更新 （2）城镇开发边界范围约 45.6 平方千米城市基础地理实体 （3）按需完成部分区域 LOD1.3 城市三维模型建设	合作区市民中心、横琴口岸和横琴地下综合管廊等 3 处部件级实景三维试点建设
长三角一体化示范区	示范区全域 2413 平方千米二维底图、0.5 米分辨率 DOM	示范区水乡客厅 35 平方千米倾斜模型、城市规划模型等城市级实景三维数据	示范区水乡客厅重点区域地下管网、道路设施等部件级实景三维模型

附录 4　部分实景三维软件产品介绍

附 4.1　超图实景三维系列软件产品

北京超图软件股份有限公司在国产自主的 SuperMap GIS 平台产品基础上，打造出时空一体、联动更新、按需服务、开放共享的实景三维系列软件产品，并于 2022 年 10 月通过中国地理信息产业协会实景三维平台软件测评。近年来，超图软件集团积极参与了北京市、山东省、湖南省、福建省等省级新型基础测绘和实景三维试点建设，武汉市、青岛市、贵阳市、临沂市、株洲市、广州市番禺区等多个城市试点建设，助力各试点建设项目取得圆满成功。超图实景三维系列软件产品包括实景三维数据处理软件、实景三维数据管理系统、实景三维底座平台、实景三维数字沙盘系统，具体介绍如下。

1. 实景三维数据处理软件

超图实景三维数据处理软件包括基础功能、标准管理、数据质检、数据处理、实体构建、实体编辑、质检管理等模块。软件面向测绘院、勘察院等数据生产单位，主要解决实景三维城市建设中符号化、参数化建模，三维数据质检、编辑入库，以及地理实体语义化、属性信息关联融合等与 GIS 相关的问题。

2. 实景三维数据管理系统

超图实景三维数据管理系统包括数据资产管理、数据查询统计、三维场景构建、三维场景更新、数据组合定制、元数据管理、数据库管理、用户权限管理等模块。系统面向各地信息中心、地信中心等数据管理单位，主要解决实景三维城市海量三维数据汇聚、存储、查询、共享发布等全流程管理，三维场景融合构建，以及三维场景数据更新等问题。

3. 实景三维底座平台

超图实景三维底座平台封装了 SuperMap GIS 基础、三维、空间分析等众多组件。平台面向承担实景三维应用系统开发的企事业单位，主要是降低二次开发扩展的门槛，提高应用系统的交付效率，帮助广大从事系统开发的企事业单位快速构建自身的实景三维中国建设能力。平台凝聚了超图新一代三维 GIS、信创、云原生、大数据等核心技术成果，在三维可视化、二三维空间分析、数据存储管理分析性能及稳定性、云计算资源占用和运行效率、信创环境支持等方面，都具备良好表现，在众多实景三维城市建设中得到了验证。

4. 超图实景三维数字沙盘系统

超图实景三维数字沙盘系统是在管理系统、底座平台基础上，进一步整合基础工具、分析工具、资源目录、地理实体、地理场景等功能，重点开展专题应用的软件产品。数字沙盘系统面向各部门、各单位和社会公众等实景三维最终用户单位，满足用户对实景三维数据、三维分析能力与业务深层次结合的应用需求。

未来，随着人工智能、大数据、云计算、物联网等新一代信息技术的发展，超图将

附图 4-1　超图实景三维底座平台技术架构

进一步创新 GIS 基础软件技术体系(BRT-IDC)，即大数据 GIS、新一代遥感软件、新一代三维 GIS、地理空间 AI、分布式 GIS 和跨平台 GIS 技术体系，进一步深入到实景三维数据处理、建库、更新、管理、平台以及应用各环节，持续提升系列软件产品能力，更高效、更精准地服务于国民经济及社会发展，为实景三维中国建设添砖加瓦。

附 4.2 Q3D 时空信息平台

Q3D 时空信息平台是由青岛市勘察测绘研究院研发，全面支撑信创标准、面向实景三维泛在应用的新一代地理信息公共服务平台。平台具备"二三维、地上地下、室内室外、海陆融合"八位一体服务能力，产品体系涵盖应用中心 Q3D Map、服务中心 Q3D Portal、数据中心 Q3D Pro 和移动端 Q3D Mobile 等，为自然资源管理和社会经济发展提供权威统一的时空信息底座。

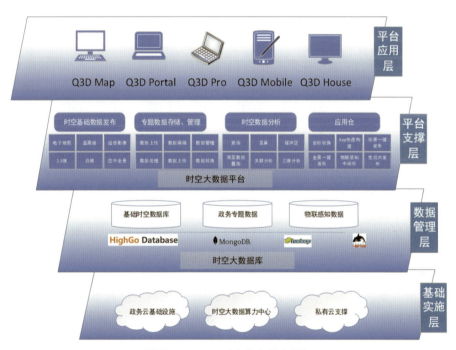

附图 4-2 Q3D 时空信息平台框架

Q3D Map 为"二三维一体、地上地下一体、室内室外一体、海陆一体"八位一体的综合展示中心，基于 WebGL 引擎进行时空大数据优化渲染与分析研究，实现多源、异构、海量数据的集成化展示。

Q3D Portal 采用混合云存储架构，打造集资源中心、数据管理、服务管理、运维管理于一体的服务中心，作为 Q3D Map 的"控制台"，提供统一门户，主要面向资源申请和二次开发用户，实现资源的预览申请、二次开发技术支持、用户反馈等服务。

Q3D Pro 是 Q3D Portal 数据管理的强化和补充，作为数据中心提供数据汇聚和治理能力，同步打造三维规划决策分析等业务化应用组件库提供赋能服务。

Q3D Mobile 打造适配地理信息泛在应用的移动 App，提供专题地理信息数据采集、编辑、更新及多源数据展示和查询等能力，面向不同应用场景提供专属的定制化 App 服务。

Q3D House 提供了一系列基于 Q3D 平台面向各行业定制的模块化应用和系统工具，例如土方分析工具、规划分析工具、实景三维浏览小程序、全景发布小程序等，方便用户快速组装、开发基于 Q3D 平台的业务应用。

Q3D 时空信息平台采用兼容时空大数据平台、国土空间基础信息平台、CIM 基础平台"三平台合一"的设计理念，实现了从数据治理、存储、服务发布、门户支撑到平台赋能的全流程服务体系应用，是全国首个以实景三维为主体数据集、基于云原生架构体系的时空信息平台。Q3D 时空信息平台在 PB 级实景三维分布式存储与高效渲染、海量二三数据融合表达、国产自主安全可控适配、时空 AI 算力模型构建等方面取得了关键技术突破，解决了实景三维"看、算、存"的行业难题，形成了智能化、时序化、一体化、国产化的时空大数据平台服务与应用技术体系，打造了全面支撑实景三维泛在应用的时空信息平台"青岛模式"。

Q3D 时空信息平台在城市实景三维建设、城市品质提升、城市应急、新城建 CIM、自然资源管理等领域得到广泛应用，目前已应用于 60 多个领域的 100 多项业务，成效显著。

（1）平台有效支撑自然资源管理。为青岛市国土空间规划、开发适宜性评价、确权登记、耕地保护、地灾防治、生态修复、执法监管提供详尽的立体三维数据和分析服务，基于平台建设的国土空间基础信息平台，已成为全市自然资源信息化基础支撑平台。

（2）平台有效服务经济社会发展。项目成果目前已应用于社会治理、城市应急、防灾减灾等领域。其中，Q3D 时空信息平台已接入青岛市政府总值班室，为城市应急指挥调度常态化管理提供了数字化的"立体现场"。在大珠山、三标山火灾应急中，为青岛市领导现场应急指挥提供了高精度"作战沙盘"。在"烟花""梅花"台风等强降雨应急工作中，为水务局防汛调度指挥提供了科学支撑。创新数字文旅应用场景，在山东省旅游发展大会上反响强烈。智慧公安三维电子沙盘，部署在公安专网和应急指挥车中，为智慧公安作战指挥提供了坚实保证。打造了全国首个港航时空信息服务和 PIM (port information model) 平台，实现了港区资产、业务全数字化集成，成效显著。

附 4.3　海克斯康实景三维方案

海克斯康结合全球视野和实践经验，基于自身产品和技术优势，以安全可靠的网络、存储、计算资源软硬件环境为基础，提供从数据采集、处理、管理、到应用的整体解决方案，海克斯康实景三维软件技术支撑如下：

（1）实景三维数据处理软件系统是实景三维产品生产的必需手段。海克斯康拥有多款实景三维处理和生产系统。

高性能集群实景三维处理平台（HxMap）：主要进行海克斯康航空传感器数据处理，可同步处理面阵、倾斜相机和激光雷达数据，包括航飞数据下载、工程管理、影像和激光点云质检、视准轴检校、影像调色匀色、空三、点云配准、正射镶嵌、倾斜 Mesh 建模、三维单体自动提取、点云分类、纹理自动映射等完整处理流程，提供单机和集群多节点双模式，多任务可提交多节点并行运算，大幅度提升数据处理效率。

附图 4-3　海克斯康实景三维数据处理生产系统

遥感和数字摄影测量系统（ERDAS IMAGINE/Photogrammetry）：可处理所有具有立体成像能力的卫片和航片数据以及激光点云数据，支持 DEM/DSM/DOM 生产，提供专家分类器、深度学习、对象探测、影像分割等智能工具进行地物实体和地理单元的对象提取和语义映射，支持存量数据的编辑、修补和质量校验。

地理信息平台（GeoMedia）：提供强大的二三维矢量实体和关联属性的处理、校验和入库，拥有大量数据转换和空间拓扑检查和处理功能，基于规则的自动捕捉和验证功能可降低人工误操作风险。

Cyclone 产品系列：海克斯康部件级数据处理产品 Cyclone 系列产品功能涵盖了点云数据采集、处理和建模。Cyclone REGISTER 360 PLUS 是一款智能点云拼接软件，支持一键导入三维激光扫描仪数据，自动拼接并生成报告。Cyclone 3DR 是一款复合型点云后处理，功能涵盖点云降噪、线画图、建模、量测、对比分析等，满足制图、建模等多种产品成果输出，适用于多种不同成果需求的项目。CloudWorx 是一款集成到 AutoCAD 和 Revit 等专业软件中的插件，为用户提供了简单易用的工具来查看和处理点云数据切片，从而加速 2D 绘图的创建、即建管道模型和其他 3D 模型的开发。这三款软件的结合使用为用户提供了从现场采集到最终设计和分析的全面解决方案，无论是在建筑 BIM、公共安全、工厂数字化还是文物保护等领域，都能提供高效、精确和便捷的服务。

（2）实景三维管理共享是实景三维发挥数据价值的承上启下的关键环节。海克斯康有三款面向不同应用方向的数据管理共享服务平台。

实景三维测绘成果管理平台（Smart Survey）：按照自然资源部颁布的新型基础测绘组织体系，由本地团队研发的实景三维测绘项目成果管理平台，用于管理多期实景测绘成果数据，支持数据流转审批，满足测绘成果"集中存储管理、按需分发应用"的管理目标。

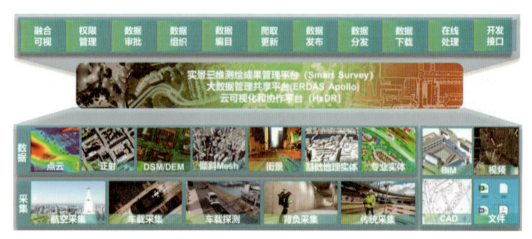

附图 4-4　海克斯康数据管理共享服务平台

大数据管理共享平台（ERDAS Apollo）：面向更广泛的地理空间管理需求，不仅具备实景三维数据高可视和融合能力，还集成了遥感、地理信息、知识模型、物联感知视频图像以及文档的数据管理能力，提供数据编目、数据爬取、元数据自动提取、数据安全、数据下载、在线地理处理的丰富选项。

云可视化和协作平台（HxDR）：集海克斯康多项实景以及可视化技术(包括 Luciad、Technodigit、Melown、人工智能、机器学习)等之大成的可视化和协作服务平台。目前已存储并管理着海克斯康在全球采集的实景数据内容，旨在云端为全球用户提供高精度、高融合、高可视的实景和应用服务。

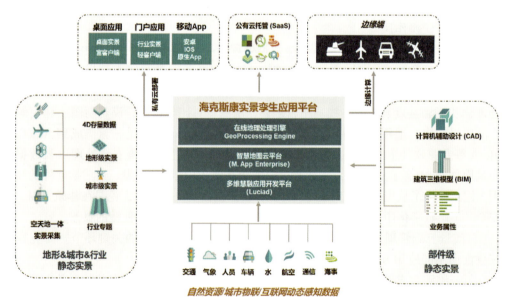

附图 4-5　海克斯康动静态实景孪生应用平台

(3)实景孪生应用服务能力是实景三维建设成功与否的试金石。海克斯康在实景孪生应用方面提供三个层级的应用服务能力。

在线地理处理引擎(GeoProcessing Engine):将海克斯康遥感、地理信息、大数据、人工智能、深度学习技术融合于一体,内置几十大类 400 多个运算符,支持灵活配置复杂的地理分析模型,将海克斯康强大的地理处理和分析能力从桌面延伸扩展到云端。

智慧地图云平台(M. App Enterprise):低代码的智慧地图云平台,提供地图和工作流配置工具,无须编程快速搭建桌面、门户、移动端应用,支持用户打造个性化的实景地图应用,发挥更大的行业价值。

多维慧融应用开发平台(Luciad):开放实景应用开发平台,通过数万个前后端开发接口提供服务端、桌面端、浏览器端以及移动端的开发工具,满足动静态实景数据的高性能融合、展示、和决策分析定制需求。

附 4.4　南方数码实景三维建设相关软件工具

围绕"实景三维中国"建设的重要目标,南方数码研发了实景三维系列软件。并通过由中国地理信息产业协会主办的软件测评。

1. 南方数码地理实体转化生产软件

(1)一体化采集、自动化质检,有效提高数据质量;
(2)存量数据转换率达 90% 以上,极大地提升了生产效率;
(3)国产化、自主化。

附图 4-6　地理实体转化生产软件

2. 南方数码三维地理实体采集与建模软件

二三维数据同步即时生产,三维模型构建效率可达传统方法效率的 2~4 倍。

附图 4-7　地理实体采集与建模软件

3. 南方数码实景三维库管软件

(1) 多层级一体化协同管理;
(2) 数据管理全流程贯通;
(3) 多源数据应用灵活构建。

附图 4-8　实景三维库管软件

4. 南方数码实景三维平台软件

（1）集数据、三维、AI、感知、安全、应用于一体的"六边形能力"；
（2）支持国产化适配、容器化部署、高效化运维。

附图 4-9　实景三维平台软件

5. 南方数码实景三维应用软件

（1）应用场景的立体化表达、智能化分析和精细化管理；
（2）"云、端"双引擎高效渲染，满足不同应用场景需求。

附图 4-10　实景三维应用软件

附 4.5 天工实景三维建模软件方案

上海华测导航技术股份有限公司出品的天工实景三维建模软件具有数据兼容性强、易上手、空三通过率高、建模速度快、模型还原度高等特点,可适应于低空无人机影像,通用大飞机等多源影像数据,工程不限制单张像素,处理的数据源更丰富;支持点云融合建模,提升建模效果及效率。

天工实景三维建模软件具有以下优势:

(1)50 万张影像空三 20 小时一遍过,无需接边。软件针对弱纹理特征差,大高差的影像尺度差异大匹配难题,结合 AI 词汇树精准找匹配对,并混合多级匹配算子极大改善匹配稳健性,显著提升山区林地数据的空三通过率。无论是带状,还是高差大,无论是下视还是倾斜,多架次多镜头的无人机影像,匹配的稳健性与匹配对的数量都明显优于传统空三算法。

自研极速平差内核,将超大规模稀疏方程组的算法复杂度从平方级降为线性级,实现了 128G 内存解算 50 万张,256G 解算 100 万张影像。

附图 4-11 华测天工三维建模软件

通过数十家生产单位反复验证，在不同数据规模情况下的效率：2 小时完成 5 万张空三解算，实现当天飞行的数据当天搞定空三当天跑上建模，用户可以按点下班不再熬夜刺点等待，第二天上班看模型成果；20 小时完成 50 万张的空三解算，做到免分块省掉了空三子区域接边的烦恼。

（2）5 节点集群建模一天 5 万张，建模效率提升 40%。软件在建模算法上，将 80% 的算法过程移植到 GPU 上，充分利用显卡针对图像处理相比 CPU 超强的计算能力；采用异步工作流的方式在数据流、计算流、传输流 3 个层级上将 GPU 与 CPU 协同进行计算。

（3）AI 处理建模效果，免普修。软件不断迭代优化纹理映射算法，采用 AI 场景感知技术，高度还原实景。采用 3 级匀光，有效保证这个模型颜色亮度一致，消除色差。除此之外，在去除移动车辆、轻薄物体建模、水面建模都同样采用 AI 算法，达到了较好的建模效果。

附 4.6　数字孪生透镜平台 DTScope

数字孪生透镜平台 DTScope 由浙江中海达空间信息技术有限公司和四川视慧智图空间信息技术有限公司联合打造，是支持实景三维数据从建模优化、服务发布到可视化分析、行业应用的全流程解决方案。DTScope 通过实景三维技术实现物理空间的精准描述，同时接入城市物联网传感器数据，并结合多种专业模拟模型，形成对城市生命体征的监测和运行状态的数字孪生。借助平台的高扩展性和二次开发能力，各行业能够深入开展数字治理应用，"让应用场景生长在数字孪生底座上"。

附图 4-12　总体架构

DTScope 包含两类工具体系：多粒度时空对象建模系列软件和数字孪生底座。

1. 多粒度时空对象建模系列软件

DTScope 系列软件包含 6 个子软件，旨在优化和再处理通过各种先进测绘与采集技术获取的实景三维数据，实现对城市物理环境的精细化建模，生成从地下管网到地上建筑物及室内部件的多层次实景三维模型。

（1）MeshEditor(倾斜摄影测量实景三维模型编辑软件)，为面向实景三维数据可视化交互编辑与优化工具集，能够实现实景三维模型快速修饰、纹理优化、悬浮物批量删除以及地形高度调整、自然过渡至模型等功能，形成从数据预览、交互编辑到成果可视化的完整工具链。

（2）LINK(点云智能滤波与 DEM 精准编辑软件)，为采用顾及地形弯曲能量的自适应滤波、边界约束的 DEM 交互式编辑、高精度 DEM 快速构网与拼接等技术开发的新一代三维点云数据编辑与处理软件。支持多种通用格式(LAS、LAZ、IMG、PLY、GRD)、多种来源(机载激光雷达数据，星载或机载影像密集匹配点云数据)、多种软件系统(Pixel Grid、Geoway CIPS、ArcGIS)生产的 DSM 数据，满足全球、国家和地区多细节层次 DEM 生产任务的需求。

（3）OSketch(精细化实景三维单体化建模软件)，可集成多种倾斜摄影影像、地面近景拍摄的影像、无人机成像系统的影像和空三成果，真正实现高效率、高精度的城市精细三维模型建模，提供了一系列交互简洁方便的三维建筑物几何精细快速重建(LOD0、LOD1、LOD3)、建筑物语义自动提取、复杂纹理自动融合、纹理自动映射、智能曲面纹理编辑、自动模型质量控制等专业化、高质量的软件产品及服务。

（4）DTPlotter(倾斜摄影测量模型分层分户采集工具)，瞄准多用户协作分层分户数据采集，支持浏览器端几何数据采集和数据录入，同时支持移动端与浏览器端采集的数据联动，从而满足入户调查和数据更新维护需要；为了更好地与各种泛在数据关联，该系统支持基于既有数据的关键字和空间查询，从而实现多种方式的信息关联，最后，所有采集的数据可以按照 3DTiles 和矢量数据(shp)形式输出。

（5）DTModeler(参数化城市空间建模软件)，在城市级实景三维模型的建设中，如何快速利用城市设计、竣工图纸以及其他形式获取的矢量资料来生成建筑、道路和城市小品(如路灯、道路标识等)的模型，是一个至关重要的挑战。为了应对这一问题，DT-Modeler 软件依托建筑物底面轮廓矢量数据、高精度道路矢量数据、纹理库和城市资产模型库，通过多种先进的技术手段，灵活、高效地构建城市三维场景。

（6）DTPipeMaker(高真实感城市三维地下管网建模系统)，针对市政地下综合管网普查的二维管网矢量数据三维化难题，按照不同管网类型、管点类型、管网与管网、管网和管点间衔接关系，通过颜色、物理材质、管径、管点类型等参数信息，自动化建成地下综合管网模型，系统模型库收录了超过 90 种城市常见小品模型，支持塑料、砼、石头、金属 4 种材质类型，支持将管网三维模型导出为带 PBR 材质的高真实感 3DTiles，同时

DTPipeMaker 可高效生产整合三维地理环境模型，实现管线建模成果与地表三维模型可视化展示，并且支持位置测量、距离测量、面积测量、角度测量、属性查询等基础功能。

2. 数字孪生底座

在完成多粒度时空对象建模和优化后，需要通过数字孪生底座实现数据的管理、轻量化、可视化以及分析，整合物联网感知数据和实景三维场景，形成实时、动态、可计算的城市数字孪生体，支撑各类复杂应用场景。

（1）DTOM（实景三维原始数据管理工具），支持影像、地形、矢量、LoD1.3、Mesh 模型以及单体化模型原始数据的管理，按时间、空间及分辨率等多条件查询，支持多格式、多图幅以及多分辨率导出，同时支持多时相数据的统一管理和更新，从而满足实景三维原始数据的高效管理。

（2）DTBuilder（实景三维轻量化处理工具），针对实景三维数据集成难题，综合各类数据特点，面向轻量化三维 GIS 平台的数据优化与处理，数据轻量化融合软件 DTBuilder 以实现各种三维数据的轻量化和标准化处理为目标，支持多源多格式数据，支持几何与纹理数据压缩，减少入库后数据量；支持多种空间剖分，提高数据调度性能，同时具备三维场景预览与优化调整功能，是一个拥有从数据处理、数据预览优化到三维数据生产的完整功能的工具软件。

（3）DTServer（实景三维数据服务发布与管理系统），针对地理信息数据管理难题，DTServer 通过跨平台的服务方式面向网络客户端提供数据管理与整合的功能，可以无缝聚合多源数据服务。支持海量多源多尺度数据的统一接入及多标准服务发布；支持云端与跨平台部署，多平台数据统一管理；支持场景编辑与分享，方便场景定制与展示，同时提供矢量数据、模型要素、点位数据、管线数据等数据服务的查询和分析接口，是一个拥有从数据发布、场景创建到服务分享与分析等完整功能的服务器软件。

附图 4-13 DTGblobe for Web 可视化效果

附图 4-14 DTGlobe for UE 可视化效果

（4）DTGlobe（数字孪生实景三维可视化引擎），支持 Unreal Engine、U3D、国产游戏引擎（粒界科技）以及 WebGL，能实现大范围地上下、室内外实景三维场景数据的可视化与分析，其拥有包括空间量测、空间分析、场景展示、标绘工具和查询统计、图层管理等 6 大模块 60 余项分析和场景控制功能，能高性能的承载物理世界向数字世界孪生映射的多维空间数据，形成数字孪生城市实景三维底座，为革新当前空间治理多头并举、条块分割、效率低下的管理方式提供平台基础。

DTScope 系列软件支持融合多耦合、高精度、高动态的城市信息模型数据，构建全空间、三维立体、高精度的城市数字化模型，通过加载其上的全域全量数据，实现了城市宏观大场景的数字化模型表达与空间分析，通过结合领域分析模型方法，实现对城市规律的识别，为改善和优化城市系统提供有效的引导。目前该系统已应用于浙江、四川、重庆等地服务于未来乡村、未来社区、数字孪生水利、地下管网管理等数字政府智治，助力省市县全域数字治理。

附 4.7　智觉空间实景三维中国建设方案

武汉智觉空间信息技术有限公司以"智能视觉、智能产品"为理念，坚持核心技术自主创新，软件系统自主可控，融合摄影测量、计算机视觉算法及 AI 技术，创新性地解决了多源遥感数据的精准几何定位、多视影像密集匹配、三维纹理 TIN 生成以及多源信息融合的结构化/语义化地理实体构建等关键技术难题，并以此为核心，成功建立起适配实景三维中国地形级、城市级、部件级的一体化、全流程、智能化生产技术体系，覆盖各类新型基础测绘地理信息产品的生产制作与质检验收。

公司积极响应国家发展战略，已成功将空天地摄影测量与遥感技术全系产品移植至 Linux 平台，实现对海光、兆芯、中科等国产硬件的全面兼容适配，降低对特定技术生态的依赖，为实景三维中国建设提供坚实科技支持，推动数字中国建设的深入发展。

附图 4-15　技术框架

1. 地理实体建模软件

SVSGeoModeler 基于遥感影像、Mesh、点云及 DLG 等多源数据，高效实现建(构)筑物、交通、水系等多类地理实体的结构化重构和语义化表达，为地理信息应用奠定坚实基础。

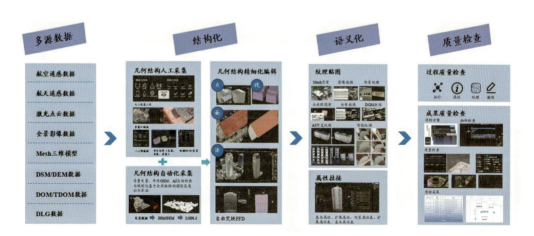

附图 4-16　技术路线

2. 实景编辑软件

SVSMeshEditor 实景三维模型编辑软件，针对市场上自动化 Mesh 产品的常见问题，提供高效解决方案，集成智能去车、AI+图像处理、模型修编、模型种植、结构平整、色彩调整、悬浮物删除、数据轻量化、坐标转换、格式转换、数据更新等众多功能于一体，显著提升模型成果的美观和实用性，并支持多种格式文件输出，满足多元化需求。

3. 三维质检软件

为更好地服务新型基础测绘和实景三维中国建设，做好产品质量控制，公司结合国家标准、行业标准、团体标准等相关技术产品规范，结合各级质检部门和生产单位提出的建议和需求，专为实景三维中国数据产品打造了一款专业化、标准化的质检平台 SVS3DQuality。

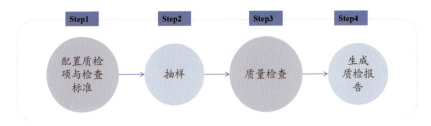

附图 4-17　质检流程

软件采用自动化检测与人机交互检查相结合的方式，全面覆盖实景三维成果的时空基准、几何精度、完整性、表征质量等多个维度的检查内容；支持质检问题标签化管理，无缝衔接生产软件，依据标签快速定位问题进行修改。

参考文献

[1] 李德仁. 数字孪生城市智慧城市建设的新高度[J]. 中国勘察设计，2020(10).

[2] 陈军，刘建军，田海波. 实景三维中国建设的基本定位与技术路径[J]. 武汉大学学报(信息科学版)，2022，47(10). DOI:10.13203/j.whugis20220576.

[3] 周成虎. CIM应用与发展(上册)[M]. 北京：中国电力出版社，2021.

[4] 王瑜婷. 用好实景三维打造新质生产力——陈军院士谈时空信息赋能新质生产力[J]. 中国测绘，2024(7).

[5] 中国测绘学会智慧城市工作委员会. 实景三维应用与发展(上册)[M]. 北京：中国电力出版社，2023.

[6] 朱庆，张利国，丁雨淋，等. 从实景三维建模到数字孪生建模[J]. 测绘学报，2022，51(6).

[7] 杨必胜，董震. 点云智能研究进展与趋势[J]. 测绘学报，2019，48(12).

[8] 刘冰鑫，张永军，刘欣怡. 实景三维建模方法及应用研究[J]. 测绘地理信息，2023，48(4). DOI:10.14188/j.2095-6045.20230053.

[9] 姚巍，王谱佐. 实景三维技术发展态势——XXIV ISPRS Congress报告[J]. 时空信息学报，2023，30(2).

[10] 张帆，黄先锋，高云龙，等. 实景三维中国建设技术大纲(2021版)解读与思考[J]. 测绘地理信息，2021，46(6). DOI:10.14188/j.2095-6045.2021614.

[11] 燕琴，翟亮，刘坡. 实景三维中国建设关键技术研究综述[J]. 测绘科学，2023，48(7). DOI:10.16251/j.cnki.1009-2307.2023.07.001.

[12] 肖建华，李鹏鹏，彭清山，等. 武汉市实景三维城市建设的实践和思考[J]. 城市勘测，2021(1).

[13] 孔令彦，刘增良，曾艳艳，等. 实景三维北京研究建设进展(2008—2023年)[J]. 北京测绘，2024，38(4). DOI:10.19580/j.cnki.1007-3000.2024.04.001.

[14] 郭亮，何华贵，杨卫军. 三维实景技术的发展与应用[M]. 北京：科学出版社，2019.

[15] 黄文诚. 基于倾斜摄影的城市实景三维模型单体化及其组织管理研究[D]. 西安：长安大学，2017.

[16] 陈曦. 顾及多层次几何细节特征的实景三维模型轻量化可视化方法[D]. 成都：西南交通大学，2021. DOI:10.27414/d.cnki.gxnju.2021.001157.

[17] 朱高昊. 基于WebGL实景三维平台的场景优化与实现[D]. 焦作：河南理工大学，

2023. DOI:10.27116/d.cnki.gjzgc.2023.000863.
[18] 赵杏英, 王金锋. 城市级实景三维建模方法比较分析[J]. 工程技术研究, 2020, 5(20). DOI:10.19537/j.cnki.2096-2789.2020.20.100.
[19] 康志忠, 杨俊涛. 室内实景三维重建技术综述[J]. 时空信息学报, 2024, 31(1). DOI:10.20117/j.jsti.202401001.
[20] 汤圣君, 朱庆, 赵君峤. BIM 与 GIS 数据集成：IFC 与 CityGML 建筑几何语义信息互操作技术[J]. 土木建筑工程信息技术, 2014, 6(4). DOI:10.16670/j.cnki.cn11-5823/tu.2014.04.001.
[21] 阳俊, 吴艳双, 徐敏, 等. 高分七号卫星在地形级实景三维建设中的应用研究[J]. 测绘与空间地理信息, 2023, 46(S1).
[22] 加快测绘地理信息事业转型升级更好支撑高质量发展[J]. 中国测绘, 2024(7).
[23] 刘先林. 中国实景三维建设的困境与建议[J]. 发展研究, 2023, 40(9).
[24] 郭仁忠, 陈业滨, 赵志刚, 等. GIS 的科学概念转化：从 Map-based GIS 到 Space-oriented GIS[J]. 测绘学报, 2024, 53(10).
[25] 陈军, 田海波, 高釜, 等. 实景三维中国的总体架构与主体技术[EB/OL]. [2024-04-18]. https://link.cnki.net/urlid/11.2089.p.20240417.0946.002.
[26] 张帆, 黄先锋, 高云龙, 等. 实景三维中国建设技术大纲(2021 版)解读与思考[J]. 测绘地理信息, 2021, 46(6). DOI:10.14188/j.2095-6045.2021614.
[27] 吕苑鹃. 让高质量发展"看得见"[N]. 中国自然资源报, 2024-08-30(007).
[28] 彭文, 王立平, 朱家仪. 海道地理信息实景三维信息安全技术探究[J]. 中国海事, 2023(3). DOI:10.16831/j.cnki.issn1673-2278.2023.03.006.
[29] 张萌萌, 乔俊平, 张显志, 等. 基于城市级的大场景实景三维模型优化技术研究[J]. 测绘技术装备, 2023, 25(2).
[30] 徐红. 蓝图已绘就, 奋进正当时——如何全面推进实景三维中国建设[J]. 中国测绘, 2022(5). DOI:10.3969/j.issn.1005-6831.2022.05.006.
[31] 王若晔. 实景三维应用从"落地"走向"开花"[N]. 四川日报, 2024-08-28(007).
[32] 兀伟, 赵鑫, 王焕萍, 等. 新型基础测绘与实景三维中国建设标准需求分析[J]. 测绘标准化, 2023, 39(1). DOI:10.20007/j.cnki.61-1275/P.2023.01.01.
[33] 纪文慧. 实景三维中国建设全面推进[N]. 经济日报, 2024-09-04(006).